AF610034

MARINE IMPÉRIALE.

ÉTABLISSEMENT IMPÉRIAL D'INDRET.

TRAVAUX HYDRAULIQUES

ET

BATIMENTS CIVILS.

CAHIER DES CONDITIONS PARTICULIÈRES.

SERVICE DE CINQ ANNÉES ET TROIS MOIS.

NANTES,
IMPRIMERIE DE VINCENT FOREST,
PLACE DU COMMERCE, N° 1.
1859

Établissement Impérial
DU
SERVICE DU GÉNIE MARITIME.

Établissement d'Indret.

Travaux hydrauliques et bâtiments civils.

M. MAHEY AÎNÉ,
ADJUDICATAIRE.

Date de la Notification du Traité :
24 *Décembre* 1858.

L'Agent Administratif Principal,
Signé : J.les PLAUZOLES.

MARINE IMPÉRIALE.

Date du Traité :
6 Décembre 1858.

Durée du Traité :
Cinq années et trois mois.

Du 1er Janvier 1859
au 1er Avril 1864.

INDICATION
DU LIEU DE PAIEMENT :
NANTES.

CAHIER

des Conditions relatives à une adjudication, sur soumissions cachetées, pour l'Entreprise de Travaux de Terrassements, Maçonnerie, Charpentage, Peinture, Vitrerie, etc., à exécuter pendant cinq années et trois mois, à l'Établissement Impérial d'Indret.

ARTICLE PREMIER.

La présente Adjudication a pour objet l'entreprise de travaux de TERRASSEMENTS, MAÇONNERIE, CHARPENTAGE, PEINTURE, VITRERIE, ETC., à exécuter pendant cinq Années et trois Mois à l'Établissement Impérial d'Indret, conformément aux indications des articles ci-après :

L'Adjudication sera faite à Nantes, dans une des salles dépendant du service des subsistances.

Elle aura lieu publiquement le 6 Décembre 1858, à une heure après-midi, en augmentation ou au rabais sur un seul concours, et par voie de soumissions cachetées, qui seront ouvertes par le Directeur de l'Établissement Impérial d'Indret, assisté de l'Agent Administratif Principal dudit Établissement, et en présence de l'Inspecteur Adjoint de la Marine.

ART. 2.

Chacun des concurrents annexera à sa soumission un récépissé de garantie de la somme de *mille francs*, qui pourra être réalisée en numéraire, en rentes nominatives directes ou départementales, ou en rentes au porteur à la caisse des Dépôts et Consignations à Paris.

ART. 3.

Les prix de base pour cette Adjudication sont ceux portés au bordereau annexé aux présentes conditions, les concurrents devront établir leurs offres, soit à ces prix, soit à raison de tant pour cent d'augmentation ou de rabais sur l'ensemble desdits prix.

Les offres ne peuvent être moindres de un pour cent et sont établis à tant pour cent en nombres entiers.

Si l'offre la plus avantageuse dépasse les prix de base, il est sursis à l'Adjudication, et il en sera rendu compte au Ministre qui statuera sur la suite à donner à la soumission contenant cette offre.

Toute offre doit être exprimée en toutes lettres dans les soumissions.

ART. 4.

Le cautionnement à fournir par l'Adjudicataire pour garantie de l'exécution de son traité, est fixé à la somme de *douze mille francs.*

La réalisation devra en être effectuée dans le délai de dix jours, à compter de la notification faite à l'Adjudicataire de l'approbation de son marché, si le cautionnement est fait en numéraire dans les départements, et dans le délai d'un Mois si le cautionnement est fait en numéraire à Paris.

L'acte constatant cette réalisation sera présenté à l'Agent Administratif Principal, dans les six jours qui suivront les délais ci-dessus indiqués.

Dans le cas où l'Adjudicataire aurait l'intention d'effectuer son cautionnement en rentes, il devra en faire la demande au Ministre de la Marine, dans le délai de trois jours, à partir de la date de la notification ci-dessus mentionnée, un délai de deux Mois lui est accordé pour cette réalisation.

Les cautionnements définitifs en rentes ne pourront être constitués qu'en rentes nominatives directes.

Si le cautionnement n'a pas été réalisé dans les délais fixés ci-dessus, l'Adjudication sera déclarée nulle et le dépôt de garantie saisi au profit du Trésor.

Le cautionnement sera restitué à l'Entrepreneur, sauf les retenues qui auraient pu être exercées aux termes des articles 5, 10, 30, 41, 43, 51, 53, et 61 des conditions générales arrêtées le 29 Juin 1857 et aux termes du présent marché et du cahier des conditions techniques, en même temps que sera effectué le paiement de la dernière retenue de garantie prélevée sur la liquidation des derniers travaux exécutés.

ART. 5.

La durée de la présente entreprise est fixée à *cinq années et trois mois*, qui commenceront le 1er Janvier 1859 (1), pour finir le 1er Avril 1864.

(1) Ou, après cette époque, à partir de la notification de l'approbation donnée au traité, sans changer toutefois la date de l'expiration de l'entreprise.

L'Entrepreneur devra faire exécuter, pendant la durée de son marché, toutes les constructions neuves, travaux d'entretien et de réparations, ordonnés par le Directeur de l'Établissement d'Indret, pour tout l'Établissement et le territoire qui en dépend. Il sera également tenu d'exécuter les travaux de réparations des immeubles que l'Établissement possède à Saint-Nazaire; il lui sera seulement alloué dans ce cas une augmentation de 10 p. % sur les prix du bordereau.

Toutefois, la Marine se réserve de traiter de gré à gré ou par adjudication pour tout ouvrage spécial, dont l'importance présumée serait de *dix mille francs* et au-dessus.

Le titulaire du présent marché sera admis à concourir.

Elle se réserve aussi le droit, dans les cas urgents ou prescrits par le Ministre, de faire exécuter en régie des travaux prévus au bordereau du marché, par ses ouvriers ou par ceux de l'Entrepreneur, suivant attachements.

Art. 6.

Il sera accordé à l'Entrepreneur, un magasin pour la conservation des matériaux et objets confectionnés, ainsi qu'un local pour lui servir de bureau ou à son représentant. L'Entrepreneur sera tenu de le rendre dans l'état où il l'aura reçu suivant inventaire en double expédition.

Art. 7.

En cas d'urgence, et sur la demande de l'Entrepreneur, il pourra lui être prêté des outils, ustensiles et apparaux appartenant à l'Établissement. L'Entrepreneur sera responsable de leur entretien, et il lui sera fait une retenue réglée contradictoirement entre l'Administration et l'Entrepreneur, pour indemniser l'État de la détérioration et du déchet que les outils auront pu éprouver.

Art. 8.

Aucun travail ne sera exécuté que sur un ordre écrit du Sous-Directeur, et enregistré au bureau du Chef du Service Administratif; l'Entrepreneur conservera ces ordres, et ce n'est qu'en les représentant qu'il pourra réclamer le paiement des ouvrages exécutés.

Aucun ouvrage ne sera commencé avant que les cotes et renseignements nécessaires au mesurage aient été pris en présence de l'Entrepreneur ou de son représentant par l'officier chargé des travaux ou de son délégué.

L'Entrepreneur sera tenu de déférer aux ordres qu'il aura reçus dans un délai de cinq jours pour les travaux d'entretien, et de quinze jours au plus pour les travaux neufs ou de grosse réparation.

Art. 9.

Les ouvrages de toutes espèces seront exécutés avec soin et précision, conformément au cahier des conditions particulières techniques et aux prescriptions qui seront faites à l'Entrepreneur.

Il devra toujours suivre fidèlement les croquis, profils et dimensions qui lui seront transmis.

La surveillance de détail exercée par les Agents de la Marine de dégagera nullement la responsabilité de l'Entrepreneur, et celle-ci ne s'arrêtera que sur un ordre écrit, émanant du Directeur.

ART. 10.

L'Entrepreneur aura à sa charge :

1° Les droits de douane, d'octroi et autres, pour tous les matériaux qui ne lui seront pas fournis par la Marine;

2° Les dessins cotés, échantillons, modèles, tracés, épures, pour tous les ouvrages qui en seront susceptibles.

Ils resteront en dépôt à la Sous-Direction, pour être représentés lors de l'examen et de la recette, et deviendront la propriété de la Marine après l'exécution des travaux;

3° Les frais et risques de mouvements, charges, transports, décharges et mise en place, et des autres opérations, y compris celles qui tiendraient à l'apport à pied-d'œuvre de matières premières que la Marine fournirait à l'Entrepreneur;

4° L'enlèvement et le transport sur les points qui sont désignés, de tous les déblais et produits de démolitions résultant de l'exécution des travaux de l'Entrepreneur; à défaut, ces opérations seront faites par la Marine, et, sauf retenues, sur les créances ou sur le cautionnement de l'Entrepreneur.

ART. 11.

Moyennant les prix mentionnés au bordereau, le titulaire du marché aura aussi à son compte, même pour le cas où la Marine fournirait les matières premières, tous les faux frais directs et indirects de l'entreprise, tels que :

1° L'établissement et l'entretien des chemins particuliers, planches de roulage autres que celles prévues au bordereau des prix et passerelles provisoires, échafaudages de toute espèce non exceptés au bordereau des prix, clôture des chantiers, dépôts, hangars, fosses à chaux, etc.;

2° Les matières de toute espèce, lorsqu'elles ne seront pas fournies directement par la Marine;

3° Les boites goudronnées, boîtes en ferblanc, mèches de sûreté, chalumeaux, étoupilles, fagots et autres charges de sûreté pour le tir des mines sous l'eau et hors de l'eau;

4° Outils, ustensiles, équipages, apparaux et machines;

5° Frais d'éclairage et de gardiennage;

6° Fourneaux et combustibles de toute espèce;

7° Chevilles et gournables en bois de toute grandeur;

8° Clous, broches, chevilles, pointes et pitons, crochets à vis ayant moins de 10 centimètres de longueur de tige, tête comprise, en fer ordinaire ou galvanisé ou en zinc, sauf les exceptions mentionnées au cahier des conditions techniques ou du bordereau;

9° Les soudures, entailles et ajustage, qui n'ont pas été mentionnés spécialement au bordereau ;

10° La céruse en pâte qui devra toujours garnir toutes les faces des bois en contact, notamment dans les assemblages ;

11° Les enduits en brai gras et en ciment de Portland, de Parker ou de Vassy pour les portées des bois dans les maçonneries ;

12° La peinture à trois couches d'objets en fonte de fer, en fer forgé, dont les deux premières au minium et la troisième à la couleur prescrite ;

13° La marque des objets en bois et en métaux susceptibles de la recevoir, à l'ancre, au TH et au millésime de l'année ;

14° Les frais et risques de cintrement et de décintrement, etc., etc.

Mais seront au compte de la Marine, les frais d'épreuve, de visite, d'examen, de mesurage des matières premières et des ouvrages.

ART. 12.

Pour les travaux non prévus, la Marine aura le choix de procéder ainsi qu'il est dit à l'article 34 des conditions générales, ou de les faire exécuter en tenant des attachements des journées et des matières employées, et en tenant compte à l'Entrepreneur des unes et des autres au prix du bordereau.

Les prix résultant de ces attachements, ainsi que ceux par estimation, pourront être inscrits à la suite du bordereau comme articles supplémentaires, mais sauf l'autorisation préalable du Ministre.

Les épuisements seront toujours faits aux frais de la Marine, qui fournira et entretiendra les pompes et ustensiles nécessaires.

Les travaux d'entretien et de réparation des places, cours et voies de communication se feront toujours à la journée par attachements, par ouvriers fournis par l'Entrepreneur.

L'Entrepreneur devra, lorsqu'il en sera requis, mettre à la disposition de la Marine les ouvriers et manœuvres de toutes professions, dans un délai de six jours au plus, et qui sera restreint à deux jours pour les maçons et manœuvres nécessaires à la réparation et à la construction des fours et fourneaux.

Les ouvriers, manœuvres et voitures employés à la journée, qui travailleront sous la direction et la surveillance des Agents de la Marine, seront payés, tous suppléments compris, suivant les prix du bordereau et suivant les règles indiquées à l'article 48 des conditions générales du 29 Juin 1857.

ART. 13.

Les divers travaux devront être exécutés suivant leur urgence respective, et terminés aux époques indiquées dans les ordres donnés à l'Entrepreneur.

Lorsque les délais d'exécution seront dépassés, l'Entrepreneur subira, sauf les restrictions déterminées par l'article 51 des conditions générales, une retenue de dix pour cent sur la partie restant à faire de l'ouvrage commandé. Si le retard atteint un mois, une deuxième retenue de dix pour cent sera exercée, et enfin, si le délai d'achèvement dépasse deux mois, le marché pourra être résilié par la Marine, avec saisie sur le cautionnement d'une somme égale à l'ensemble des retenues déjà exercées.

Les délais de garantie de bonne exécution des travaux sont fixés à un an après leur réception pour les ouvrages neufs, et certaines réparations mentionnées au cahier des conditions techniques, à six mois pour les grosses réparations ordinaires, et un mois pour les travaux de simple entretien.

ART. 14.

Les démolitions seront faites avec soin, de façon à assurer la conservation des matériaux; l'Entrepreneur en sera responsable et paiera ceux qui auraient été détériorés par la faute de ses ouvriers. Il en sera de même lorsque, reposant les pierres de taille, les ferrures, les bois et la menuiserie, ces objets auront été brisés par la faute des ouvriers, l'Entrepreneur sera tenu au remplacement.

ART. 15.

Les matériaux neufs et de démolition fournis par l'Etat seront transportés par l'Entrepreneur, à ses frais, depuis le magasin jusqu'au lieu d'emploi.

Les matériaux provenant de démolition et sans emploi prévu seront transportés et mis en dépôt, par l'Entrepreneur, aux prix du bordereau, dans les lieux qui seront désignés.

ART. 16.

Les ouvrages seront mesurés et appréciés au choix de la Marine, au moment de la mise en place ou après la pose et d'après les diverses unités mentionnées au bordereau et au cahier des conditions techniques.

Quand il y aura plusieurs modes prévus de mesurage, la Marine aura seule la faculté de choisir celui qui sera employé.

Lorsque dans les mêmes ouvrages il se trouvera des travaux appréciés à des prix différents, ils seront évalués à un prix moyen réglé par la Commission des recettes, après avoir entendu l'Entrepreneur.

Le poids des matériaux payés au kilogramme et qui ne pourront être, toutefois, mesurés qu'au volume, sera apprécié au décimètre cube d'après les pesanteurs spécifiques ;

SAVOIR :

Etain	7 30	Fer fondu	7 20
Plomb	11 35	Ferblanc	7 60
Zinc	6 90	Cuivre rouge pur	8 80
Soudure d'étain	10 »	Bronze	8 40
Fers et tôles, ordinaires et galvanisés	7 80	Cuivre jaune	8 30
		Soudure de cuivre	9 60

Art. 17.

En cas d'urgence, le Directeur aura la faculté de prescrire la continuation des travaux pendant les jours fériés et les nuits; en ce qui concerne les travaux de nuit, il sera alloué à l'Entrepreneur une plus-value sur la main-d'œuvre dont le taux est porté au bordereau.

Art. 18.

Les réparations qui ne sont pas mentionnées spécialement au bordereau seront estimées en fraction de l'ouvrage neuf, par la Commission des recettes, après avoir entendu l'Entrepreneur, et seront payées d'après cette base.

Art. 19.

Les mesurages et recettes des ouvrages susceptibles d'une mesure régulière et complète par elle-même auront lieu, autant que possible, à la fin de chaque mois.

Les ouvrages qui ne satisferont pas aux conditions du marché seront soumis aux dispositions suivantes :

1° Les ouvrages neufs et réparations dont l'Entrepreneur aura fourni les matières, seront au choix de la Marine, ou rebutés par elle, pour être refaits, ou reçus avec une réduction qui ne pourra être moindre de 3 p. %.

2° Les ouvrages neufs et réparations dont la Marine aura fourni les matériaux seront également au choix de la Marine, ou rebutés par elle, pour être refaits, ou reçus avec une réduction qui ne pourra pas être moindre de 5 p. % sur les prix du bordereau afin de tenir compte du mauvais emploi des matériaux.

En cas de rebut, l'Entrepreneur aura, pour remédier aux défectuosités des ouvrages à réparer, un délai égal à celui qui lui aura été fixé pour l'exécution primitive, conformément à l'article 13 ci-dessus.

Toutes les matières premières seront alors à sa charge, même dans le cas du deuxième paragraphe ci-dessus, et bien qu'il ne doive être payé que de la main-d'œuvre seulement.

Art. 20.

L'Entrepreneur sera tenu de surveiller les travaux par lui-même ou son délégué agréé, et de se rendre auprès des Ingénieurs, de l'Agent Administratif Principal et de l'Inspecteur-Adjoint lorsqu'il y sera appelé.

A défaut de l'accomplissement de cette obligation et de celles qui découlent des articles 29 et 36 des conditions générales, il sera mis en demeure de justifier de son absence et si ses excuses ne sont pas admises, il sera fait sur ses créances une retenue de cent francs par absence non justifiée, et dans le cas où ces absences se renouvelleraient trop fréquemment, le marché pourra être résilié avec saisie partielle ou intégrale du cautionnement.

ART. 21.

Il est expressément défendu à l'Entrepreneur d'employer dans les travaux, sans l'agrément du Directeur de l'Établissement, aucun Agent, ouvrier, qui ayant déjà travaillé dans les ateliers de la Marine, en aurait été renvoyé pour une cause quelconque. Il sera tenu également d'écarter de ses chantiers tout Agent ou tout ouvrier qui lui serait signalé par le Directeur.

ART. 22.

La Marine garantit à l'Entrepreneur qu'elle stipulera dans le marché à renouveler, que tout le matériel, outils, ustensils, équipages et apparaux ayant servi à l'entreprise, et une valeur aux prix du bordereau, de 3,000 francs d'approvisionnement pour les travaux ordonnés seront pris par le nouvel entrepreneur, à l'amiable ou à dire d'experts.

ART. 23.

Il sera imprimé aux frais de l'Entrepreneur dans le délai d'un mois après la notification de l'approbation du marché, cent exemplaires du présent marché et de ses annexes, composées du bordereau général des prix et du cahier des conditions techniques.

Passé le délai ci-dessus, la Marine ferait exécuter l'impression et en prélèverait les frais sur le cautionnement ou les créances de l'Entrepreneur.

ART. 24.

Conformément aux dispositions de l'article 23 de la loi des finances du 8 Juillet 1852, il sera opéré au profit de la caisse des Invalides de la Marine, une retenue de trois pour cent sur tous les paiements à faire par suite de l'exécution du présent marché.

ART. 25.

Indépendamment des clauses et conditions du cahier des charges et du cahier des conditions particulières et techniques, l'Entrepreneur sera soumis aux conditions générales arrêtées par le Ministre le 29 Juin 1857, en tout ce qui n'est pas contraire aux stipulations qui précèdent,

Fait à Indret, le 3 Novembre 1858.

L'Inspecteur-Adjoint, BABRON. *Le Sous-Directeur,* CH. MOLL. *L'Agent Administratif Principal,* J[les] PLAUZOLES.

Arrêté par le Conseil d'Administration de l'Établissement Impérial d'Indret, dans sa séance du 3 Novembre 1858,

Les Membres du Conseil d'Administration, l'Inspecteur-Adjoint présent,
PROUZAT, *Secrét.*, CH. MOLL, J[les] PLAUZOLES, D'INGLER, BABRON.

Approuvé : Paris, le 10 Novembre 1858,

L'Amiral, Ministre de la Marine,
HAMELIN.

Procès-Verbal d'Adjudication.

Aujourd'hui, six Décembre mil huit cent cinquante-huit, en conséquence des ordres du Ministre de la Marine, et conformément aux avis affichés et publiés tant en cette ville qu'à Paris et dans les autres places du commerce, nous, Directeur de l'Établissement Impérial d'Indret, assisté de l'Agent Administratif Principal dudit Établissement, en présence de l'Inspecteur-Adjoint de la Marine, avons procédé à l'Adjudication sur soumissions cachetées, de l'entreprise de travaux de terrassements, Maçonnerie, charpentage, peinture, vitrerie, etc., à exécuter pendant cinq années et trois mois à l'Établissement Impérial d'Indret.

Le cahier des conditions particulières, le cahier des conditions techniques et le bordereau des prix ont été déposés sur le bureau, deux soumissions ont été remises entre les mains du Président. Ces soumissions ayant été décachetées dans l'ordre de leur présentation, le Président a arrêté, après avoir consulté les fonctionnaires dont il est assisté, la liste des concurrents agréés :

La séance étant redevenue publique, le Président a annoncé que les deux concurrents étaient admis, leurs soumissions ont été lues à haute voix après avoir été ouvertes, elles ont donné les résultats suivants :

1° M. Florestan Hennau, propose d'effectuer tous les travaux formant l'objet du traité, moyennant une augmentation de neuf pour cent sur les prix de base qui figurent au bordereau des prix.

2° M. Hahey aîné, propose d'effectuer tous les travaux formant l'objet du traité moyennant un rabais de *deux pour cent* sur les prix de base portés au bordereau des prix.

M. Mahey aîné, ayant fait l'offre la plus avantageuse à la Marine, a été déclaré provisoirement adjudicataire de l'entreprise des travaux de terrassements, maçonnerie, etc., et a signé avec nous.

Fait à Nantes, les jour, mois et an précités.

Les Membres de la Commission d'Adjudication,

L'Inspecteur-Adjoint, BABRON. *Le Directeur,* D'INGLER. *L'Agent Administratif Principal,* J[les] PLAUZOLES.

L'Adjudicataire provisoire,
MAHEY aîné.

Soumission.

Je, soussigné, MAHEY aîné, JEAN, Entrepreneur, demeurant à Saint-Nazaire, département de la Loire-Inférieure, me soumets et m'engage envers le Ministre de la Marine, stipulant au nom de l'État, à exécuter tous les travaux de terrassements, maçonnerie, charpentage, peinture, vitrerie, etc., qui devront être exécutés à l'Établissement Impérial d'Indret, du 1er Janvier 1859 au 1er Avril 1864, aux clauses et conditions déterminées par le cahier des charges, et ce, moyennant une réduction de *deux pour cent* sur les prix de base établis au cahier des prix.

Le paiement des ouvrages aura lieu à Nantes.

Je déclare avoir une parfaite connaissance des conditions générales arrêtées par le Ministre le 29 Juin 1857, et m'engage à m'y conformer en tout ce qui n'est pas contraire aux stipulations qui précèdent.

Fait à Nantes, le 6 Décembre 1858.

MAHEY AINÉ.

Vu : accepté et proposé à l'approbation du Ministre,

En séance à Indret, le 13 Décembre 1858, l'Inspecteur-Adjoint présent.

LES MEMBRES DU CONSEIL,

PROUZAT, *Secrétaire*, Jles PLAUZOLES, D'INGLER, CH. MOLL, BABRON.

Approuvé :

Paris, le 22 Décembre 1858,

LE MINISTRE SECRÉTAIRE D'ÉTAT DE LA MARINE,

Pour le Ministre et par son ordre,

Le Directeur du Matériel,

Signé : DUPUY DE LÔME.

Enregistré à Nantes, le vingt-neuf Décembre 1858 Fo 77 Ro Ce 1re, reçu deux francs, décime, vingt centimes : *Signé :* CAVÉ.

CONDITIONS TECHNIQUES.

ÉTABLISSEMENT

D'INDRET.

MARINE IMPÉRIALE.

Clauses et Conditions particulières, techniques, auxquelles sera tenu de se conformer, l'Entrepreneur général des travaux à exécuter, pendant cinq années et trois mois, pour ouvrages de Terrassements, Maçonnerie, Plâtrerie, Charpenterie, Couverture, Menuiserie, Peinture, Vitrerie, etc., qui seront ordonnés pour constructions, réparations et entretien, à l'Établissement Impérial d'Indret.

SECTION 1re.

Journées d'ouvriers, de chevaux et de voitures.

ARTICLE PREMIER.

Durée de la journée.

En ce qui concerne les ouvrages exécutés, par attachements, les journées des chefs ouvriers, des ouvriers de toute espèce, celles des voitures et bêtes de trait seront de même durée que celles des ouvriers de l'Établissement d'Indret, c'est-à-dire douze heures de travail, du 1er Avril au 1er Octobre; et elles auront pour limites, du 1er Octobre au 1er Avril, la cloche de sortie qui sonne à cette époque à la fin du jour pour une partie du personnel.

Lorsque le temps passé sur les travaux sera inférieur à un tiers de jour, ce travail sera évalué proportionnellement à la durée effective de la journée, au moment de l'appréciation ; le travail de nuit sera payé un quart en sus du travail de jour.

Il est aussi alloué une plus-value d'un quart pour travaux d'eau.

L'Ingénieur chargé de la direction des travaux sera toujours appelé à juger de la spécialité et de la capacité, et à statuer sur le classement des ouvriers fournis par l'Entrepreneur pour les travaux à la journée;

ce dernier sera tenu de remplacer immédiatement les ouvriers qui n'auraient pas été acceptés pour les travaux qu'ils devront exécuter.

ART. 2.

Fourniture d'outils.

Le prix de la journée comprend le salaire de l'ouvrier, la fourniture et l'entretien des outils, ustensiles et apparaux, ainsi que leur transport à pied d'œuvre, les avances de fonds, les faux frais divers et tous autres suppléments.

ART 3.

Journées de voitures.

Dans les journées de voitures ou de tombereaux, quel que soit le nombre de colliers, on comprendra toujours la journée du conducteur. L'Entrepreneur aura des voitures solides et propres à l'espèce de transport auquel elles seront employées et de la capacité requise.

Les Ingénieurs de l'Usine seront seuls juges de la solidité et de la force des attelages, qui devront être employés à la journée, et des réductions à exercer sur leurs salaires, à raison de travail insuffisant ou de mauvais emploi.

SECTION 2.

Terrassements.

ART. 4.

Fouilles et déblais.

Les déblais seront faits suivant les longueurs, largeurs, profondeurs et talus fixés par l'officier chargé des travaux, qui fera prendre des repères avant la fouille ou fera laisser des témoins pour constater avec précision la quantité des déblais; ils seront payés au mètre cube mesuré en déblai, et le métré en sera fait sur les repères ou témoins, et sur les vides résultant des fouilles et non sur les masses provenant de l'extraction.

La Commission des Recettes statuera sur le classement des déblais après avoir entendu les observations de l'Entrepreneur.

ART. 5.

Transport et régalage des déblais.

Les terres, pierres, sables, moëllons, etc. qui proviendront des fouilles appartiendront à l'Etat; l'Entrepreneur sera tenu de transporter ces matériaux dans les lieux qui lui seront indiqués; ils seront séparés par espèces et disposés conformément aux alignements, longueurs, hauteurs et talus qui seront prescrits; non seulement l'Entrepreneur fera régaler ces déblais, mais encore il fera battre les terres, à la bie, par couches de deux décimètres au plus de hauteur, dans les lieux où, pour prévenir le plus possible les effets de l'affaissement, il sera jugé nécessaire de prendre cette précaution.

L'Entrepreneur sera payé des transports au mètre cube, mesuré en déblais ou au poids de 1700 kilog.

Les fractions de relais ne seront pas comptées, quand elles seront au dessous du quart de relais.

Les terres ou tous autres déblais qui se seraient répandus dans le transport seront enlevés aux frais de l'Entrepreneur.

L'unité de distance ou le relais sera le même, quel que soit le procédé qu'on emploiera pour le transport des déblais.

Ce relais sera de 30 mètres en plaine, en descente ou sur un terrain moins incliné que le douzième, et de 20 mètres seulement sur une rampe inclinée au douzième, ce qui comporte une hauteur verticale de 1 mètre 60 centimètres; de sorte que pour les relais en rampe il sera indifférent de mesurer la distance parcourue et de compter un relais pour chaque espace de 20 mètres en rampe, au douzième, ou de compter un relais pour chaque hauteur de 1 mètre 60 centimètres, dont on élèvera les déblais.

ART. 6.

Lorsque le mesurage en déblais ne sera pas possible, on y suppléera en prenant les cubes des produits sortis des fouilles, mis en tas ou transportés et en comptant.

Le mètre cube de ces produits pour 0,90 d'un mètre cube mesuré en déblais pour les terres végétales, la vase molle et le sable.
Id. pour 0,85 d'un mètre cube pour la terre glaise et vase ferme.
Id. pour 0,75 d'un mètre cube pour les terres pierreuses et les roches friables.
Id. pour 0,70 d'un mètre cube pour les roches abattues au pic, à la pince et à la mine.

ART. 7.

Excavations de roches.

Pour les excavations dans le roc, où l'emploi de la poudre sera reconnu avantageux, l'Entrepreneur ne s'en servira jamais sans l'autorisation du Directeur; il ne fera partir les mines qu'aux heures fixées et sera responsable des accidents provenant de sa propre négligence ou de l'inobservation des ordres qui lui auront été donnés.

Lorsque la poudre sera fournie par la Marine, l'Entrepreneur en justifiera l'emploi semaine par semaine; dans le cas contraire il encourrait, indépendamment des poursuites par voies judiciaires, une retenue, sur ses créances ou sur son cautionnement, quintuple au moins de la valeur de la poudre de mine, appréciée au prix de revient des poudres dans le commerce.

Si par suite des dimensions de l'excavation le travail présentait des difficultés dûment reconnues, l'Entrepreneur en sera payé, soit à la journée, soit par attachements au mètre cube de déblais ou au mètre cube de produits de déblais à l'estimation.

SECTION 3.

Maçonnerie.

ART. 8.

Démolitions.

L'Entrepreneur fera les démolitions qui lui seront ordonnées, en suivant exactement les épaisseurs prescrites, le remplacement des excédants serait à ses frais.

Il devra étançonner à ses frais, quand besoin sera; faute de ces précautions, il sera responsable des éboulements.

Les démolitions seront payées au mètre cube des maçonneries à démolir pour les moëllons et pierres de taille, et pour les briques au millier de briques démolies et susceptibles de resservir.

L'enlèvement des décombres sera payé à part, suivant la distance à laquelle il conviendra de les transporter; le volume sera compté égal aux $^4/_3$ de la maçonnerie avant la démolition. Les matériaux provenant de la démolition, et propres au service, appartiendront à l'Etat et seront rangés et mis en tas, par les soins de l'Entrepreneur, dans les endroits désignés.

ART. 9.

Moëllons.

Les moëllons seront tous schisteux, de bonne qualité et bien gisants. Ils proviendront des meilleures carrières des environs, notamment de celles de Couëron.

Les moëllons de choix propres à être smillés seront pris parmi les plus beaux moëllons ordinaires, et auront de 14 à 20 centimètres d'épaisseur, et au moins 25 à 30 centimètres de longueur de queue.

Ils seront payés au mètre cube d'emmètrage.

ART. 10.

Granits ou cailloux cassés.

Les granits ou cailloux cassés destinés aux empierrements ou à la fabrication du béton, seront d'un grain dur, purgés de terre ou de toutes matières nuisibles, soit au rateau, après le cassage, soit à la claie. Ces matériaux seront d'une grosseur uniforme, pouvant passer en tous sens dans un anneau de 0,05 de diamètre, sans être jamais assez petits pour passer à travers un anneau de 0,03 de diamètre. Ils seront payés au mètre cube de mesurage.

ART. 11.

Libages.

Les libages en schiste, dits palâtres, proviendront des meilleures carrières des environs de Nantes; ils auront les dimensions prescrites, et seront toujours coupés carrément, sans démaigrissement, ni flache sensible sur les surfaces. Ils seront payés au mètre cube massif.

ART. 12.

Moëllons piqués en granit.

Les moëllons piqués seront en granit dur, provenant des carrières de la Contrie; pour le même ouvrage, on exigera des pierres d'une nuance à peu près uniforme. Ces moëllons devront réunir toutes les conditions de la pierre de taille; ils ne différeront de cette dernière que par l'échantillon qui sera plus faible.

Ils seront comptés au mètre cube massif, et au mètre carré de parement vu, pour tenir compte séparément de la taille.

Les parements vus seront piqués fins, avec ciselures de $0^{m},03$ autour, le milieu piqué à la fine pointe, ou bouchardé à la grosse boucharde, conformément aux échantillons déposés à l'Etablissement Impérial d'Indret.

ART. 13.

Pierres de taille de granit, de Crazannes et de St-Savinien.

Les pierres de taille de toute origine seront de la meilleure qualité possible, sans fils, ni délits, et seront fournies à pied d'œuvre avec le gros esmillage de carrière.

Dans cette catégorie sont comprises : les pierres de granit, les pierres de Crazannes et de Saint-Savinien, ces deux dernières de l'espèce dure ou tendre, selon qu'il sera prescrit, mais toutes les deux non *gélives*.

Les pierres de granit proviendront des carrières de la Contrie; elles seront d'un grain fin et dur, inaltérable à l'air et à l'eau, d'une couleur à peu près uniforme pour la même construction, sans bousins de carrière.

L'Entrepreneur sera payé de toutes espèces de pierres de taille au mètre cube massif rendues à pied d'œuvre.

Pour la pierre brute, on mesurera le cube effectif, et pour la pierre taillée le plus petit parallélipipède rectangle circonscrit.

Tuffeaux.

Les tuffeaux seront de bonne qualité, choisis parmi les plus beaux que fournit le commerce; ceux dits d'échantillon auront les dimensions prescrites. Les uns et les autres seront exempts d'humidité et non gélifs.

Ils seront payés à la pièce, au mètre cube massif, ou au mètre carré de parement vu selon leur emploi.

ART. 14.

Chaux grasse.

La chaux vive sera tirée de Montjean ou de Chalonnes, elle sera bien cuite, exempte de biscuits et de toutes matières étrangères. Elle sera fournie en roches, et sera payée au mètre cube de mesurage. La chaux pulvérisée ne sera pas admise; elle sera coulée dans des fosses, et y sera conservée à l'abri de l'air par une couche épaisse de sable ou de terre. On aura soin de ne mettre que la quantité d'eau nécessaire.

Art. 15.

Chaux hydraulique.

La chaux hydraulique sera de Doué ou d'Echoisy, récemment cuite et de la meilleure qualité, éteinte en poudre ; on ne la mouillera qu'au moment de l'employer et avec le moins d'eau possible. Elle devra faire prise sous l'eau au bout de trois jours. Elle sera comptée au mètre cube de mesurage.

Pour reconnaître le degré d'hydraulicité, on la soumettra aux différentes épreuves de l'aiguille Vicat, auxquelles elle devra satisfaire.

Art. 16.

Sable.

Le sable employé pour la confection des mortiers sera tiré de la Loire et sera exempt de toutes matières terreuses. Il sera payé au mètre cube de mesurage, sans qu'il soit tenu compte des frais de manipulation nécessaires pour le débarrasser des matières étrangères.

Art. 17.

Argile.

L'argile sera de la meilleure qualité, rouge, forte et sans pierrailles. L'entrepreneur en sera payé au mètre cube de mesurage.

Art. 18.

Briques.

Les briques proviendront des tuileries des environs d'Angers. Elles auront les dimensions prescrites au bordereau, seront bien moulées, bien cuites, non gélisées et sans bavures. Elles seront conformes sous tous les rapports aux échantillons déposés à l'Usine d'Indret. Les briques fournies pour travaux d'attachements seront payées au millier, empilage compris. Les briques cassées ne seront pas comptées.

Art. 19.

Ciment hydraulique.

Le ciment hydraulique proviendra, au choix des Ingénieurs d'Indret, de Vassy, de Pouilly, ou des fabriques françaises ou anglaises de ciment Parker, de ciment Médina et ciment de Portland ; il sera livré en baril de 300 k. au plus. Il devra avoir été tamisé par un tamis de 185, largeur de maille au décimètre ; il sera susceptible d'être employé avec volume égal de sable, et ce mélange, immergé sous l'eau de Loire, devra, après 120 heures d'immersion, avoir fait une prise parfaite et résister à un effort de traction d'au moins 4 kilog. par centimètre carré de section.

Le ciment livré pour fourniture sera payé au quintal métrique *(tare déduite)*.

Si la pesanteur spécifique dépassait 1200 k. par mètre cube, le prix serait réduit proportionnellement.

Art. 20.

Mortiers.

Le mortier ordinaire sera composé de deux parties de sable de Loire et d'une partie de chaux grasse en pâte. Le mélange sera fait avec le moins d'eau possible et jusqu'à trituration parfaite.

Le mortier hydraulique sera composé de $^{2}/_{5}$ de chaux éteinte en poudre et de $^{3}/_{5}$ de sable de Loire ; le mélange sera fait aussi complètement que possible.

La mixtion des mortiers sera faite, quand les travaux l'exigeront, dans un lieu couvert, sur une aire de planches jointives ou de briques. L'aire et l'abri seront aux frais de l'Entrepreneur et avec ses matériaux.

La Marine se réserve la faculté de livrer à l'Entrepreneur du ciment hydraulique à mélanger avec le mortier ci-dessus ; mais il n'aura droit à aucune indemnité pour supplément de main-d'œuvre.

Lorsque la consommation des mortiers sera considérable, les Ingénieurs d'Indret pourront exiger que le corroyage soit fait par des roues ou des tonneaux à mortier, dont l'établissement et le fonctionnement seront aux frais de l'Entrepreneur.

Dans tous les cas, l'Entrepreneur aura des mesures métriques pour la vérification du dosage des mortiers ; dans le cas de fourniture, il sera payé de l'un et de l'autre mortier au mètre cube de mesurage.

ART. 21.

Enrochements.

Pour les enrochements, on choisira des moëllons de grosse dimension, d'un grain dur et inaltérable à l'eau ; ils devront toujours être jetés dans les alignements qui seront prescrits à l'Entrepreneur.

Les mêmes précautions seront prises pour les libages en schiste qui seraient employés pour enrochements.

Dans le premier cas, l'Entrepreneur sera payé au mètre cube de moëllons immétrés avant l'emploi, matière et main-d'œuvre comprises ; dans le second cas, le prix porté au bordereau s'appliquera au mètre cube massif de libages, mesurés avant l'emploi, pour fourniture et main-d'œuvre.

Draguage.

ART. 22.

Curage et draguage.

Les travaux de draguage s'exécuteront au moyen de pontons dragueurs à vapeur, fournis, ainsi que les bateaux et tous les ustensiles nécessaires, par l'Entrepreneur.

L'Entrepreneur devra toujours se conformer aux indications qui lui seront fournies, tant pour la profondeur que pour les alignements. Dans le cas où il dépasserait les limites qui lui seraient assignées, il ne lui sera pas tenu compte des excédants des matières enlevées ; il pourra même, dans certains cas, être tenu de remplacer, à ses frais, les matières enlevées en dehors des alignements tracés, et celle provenant d'une plus grande profondeur que la limite assignée pour lesdits ouvrages.

Le curage devra être fait avec soin, à une égale profondeur et le fond bien dressé.

L'Entrepreneur sera payé de cet ouvrage au mètre cube massif de déblais. Pour apprécier le vide de la fouille, on fera des profils sur les emplacements à draguer, avant et après l'opération, et de leur comparaison résultera le nombre de mètres cubes massifs enlevés.

Quand il ne sera pas possible d'avoir exactement le vide de la fouille, les travaux faits seront appréciés au tonneau de 1000 kilog., déduction faite de l'eau, autant que possible.

ART. 23.

Pour arriver à ce dernier résultat, on chargera les bateaux qui devront faire les transports avec des gueuses en fonte, jusqu'à leur ligne de flottaison; ensuite on pèsera les mêmes gueuses, et leur poids total donnera le nombre de tonneaux portés par chaque bateau.

Chaque bateau employé aux travaux aura un numéro d'ordre et portera à l'avant ou à l'arrière son tonnage en chiffres peints à l'huile.

ART. 24.

Les produits de curage ne seront jetés qu'aux endroits indiqués par le Directeur de l'Établissement, de concert avec l'Administration des Ponts et Chaussées.

Toute contravention à ces dispositions donnera lieu à une retenue de 10 p. % sur le prix d'extraction et de transport, nonobstant les poursuites qui pourront être dirigées contre l'Entrepreneur par le service des Ponts et Chaussées.

La plus grande distance à laquelle l'Entrepreneur sera tenu de transporter les produits du curage ne pourra excéder 2500 m.

Toutefois, si les circonstances forçaient l'Administration à faire jeter plus loin les dévasements, il serait alloué pour 100 m parcourus en sus des 2500 m, une plus value de 0 f 05 par mètre cube massif de déblais et une de 0 f 05 par tonneau de 1000 k.

Les prix portés au bordereau comprennent l'extraction, le transport, le chargement et le déchargement aux endroits indiqués.

ART. 25.

Maçonnerie en béton.

Le béton sera composé de mortier hydraulique et de granits cassés, des dimensions prévues à l'art. 10; le mélange sera fait au moyen de griffes en fer sur une plate-forme en bois. Lorsqu'il sera employé pour massif de fondations ou autres travaux hors de l'eau, on aura soin de le régaler et pilonner par couche de 0 m 20 à 0 m 25 d'épaisseur.

Le dosage sera de 1 m de pierres cassées pour 0 m 500 de mortier.

Une plus-value est allouée pour frais d'échafaudages, de plates-formes, de trémies, de caisses à clapet, etc., quand le béton sera employé en rivière.

Dans l'un et l'autre cas, il sera payé au mètre cube de maçonnerie exécutée.

ART. 26.

Maçonnerie en pierres sèches.

Dans la maçonnerie en pierres sèches, les moëllons devront être placés sur leur lit de carrière et liaisonnés avec beaucoup de soin ; on choisira généralement, et surtout pour les parements, les plus gros moëllons et qui auront le plus d'assiette.

Ceux des parements seront surtout bien assis et calés en queue, quand il sera nécessaire, et jamais en parements; on garnira les joints au moyen d'éclats de pierres enfoncées au marteau. Quand on les emploiera en perrés, la queue des pierres sera perpendiculaire à l'inclinaison du talus, et la surface du parement sera pleine, autant que possible.

ART. 27.

Maçonnerie avec mortier et moëllons ordinaires, moëllons de choix et libages.

Les maçonneries en moëllons bruts et mortiers, tant pour fondations que pour murs, seront faites avec tout le soin possible. Les moëllons seront bien conditionnés, nets de terre et de parties friables; ils seront smillés au moment de l'emploi, pour obtenir la meilleure assiette possible et le meilleur arrangement ; ils seront posés en bonne liaison, tant en parement que dans l'intérieur des murs; bien assujettis avec le marteau, baignant dans le mortier et arrosés préalablement, si la saison l'exige. Les rangs de moëllons seront toujours horizontaux; ils devront toujours s'arraser avec les assises de pierres de taille.

Pour le premier rang de moëllons qui seront posés dans les fondations, sur le terrain et dans le mortier, les moëllons seront choisis les plus gros possibles; ils seront battus à la hie jusqu'au refus.

La maçonnerie en moëllons de démolition sera faite avec les mêmes précautions que la neuve, et on aura l'attention d'ôter les anciens mortiers de ces moëllons et de les mouiller s'il y a lieu.

Si la maçonnerie neuve doit être liée avec l'ancienne, l'Entrepreneur fera enlever tous les mortiers ébranlés dans la rupture de cette dernière et les fera nettoyer au balai et ensuite arroser au moment de la construction, afin que le nouveau mortier fasse corps avec l'ancien. Quant aux vieux murs, sur lesquels il sera nécessaire de faire un récrépissage ou un fort renformis, on commencera par en bien rechercher tous les joints, les gratter et en tirer avec des crochets tout le vieux mortier friable; ensuite, on nettoiera ces joints au balai et on les mouillera avant de refaire les joints, enduits ou crépis nouveaux.

Lorsqu'on remplira les mailles d'un grillage de fondation avec des pierres sèches ou avec de la maçonnerie, on ne laissera aucun vide sous les longuerines ou traversines; le tout sera battu avec une hie, jusqu'au refus.

Pour la maçonnerie de libages et mortier, on aura soin que chaque pierre ou palâtre porte bien partout, en préparant d'avance une aire en pierrailles et mortier, sur laquelle on étendra un bon lit de mortier. Lors de la pose du palâtre, il devra faire refluer le mortier par tous les joints, de plus, il sera fortement battu à la hie.

Pour les parements vus en moëllons de choix, on choisira les plus belles pierres; elles seront proprement équarries au marteau et à la pointe et posées par assises réglées. Les moëllons n'auront jamais moins de $0^m,14$ de hauteur et $0^m,25$ de queue, la face bien dressée, comme il a été dit, et les joints retournés d'équerre, sur une profondeur de $0^m,07$ au moins; ils présenteront des boutisses dans la proportion de $^1/_5$, placées en quinconce d'une assise à l'autre.

Les joints de deux assises superposées devront se croiser, et leur épaisseur maximum, comme celle des lits, ne dépassera pas 7 à 8 millimètres.

La maçonnerie en moëllons piqués, de granit, sera appareillée suivant les dessins donnés. Les pierres seront posées avec les mêmes soins que les pierres de taille et les joints soumis aux mêmes précautions.

ART. 28.

Maçonnerie en pierres de taille de toute espèce.

La maçonnerie en pierres de taille de toute espèce sera appareillée suivant les dessins donnés. Les pierres seront posées avec soin sur leur lit de carrière, sans cale et sur une couche de mortier fin, de 6 à 10 millimètres au plus; les joints seront remplis à la fiche, de manière qu'il ne reste aucun vide; ils seront laissés à découvert, et le jointoiement définitif, qui est compris dans le prix de la taille, ne se fera que quand il aura été reconnu qu'il n'y a pas d'écornures. Les pierres écornées seront rebutées.

Du reste, les dérasements, ravalements, ragréements de parements et d'arêtes seront au compte de l'Entrepreneur; ils sont compris implicitement dans les prix de maçonnerie.

ART. 29.

Maçonnerie en briques et mortier.

Dans toute espèce de maçonnerie en briques, les briques seront entières, posées en bain sur une couche de mortier fin, soufflant de tous côtés, après avoir été mouillées s'il y a lieu; les joints recoupés bien exactement et n'ayant pas plus de 6 à 8 millimètres d'épaisseur.

Les anciennes briques réemployées seront déduites à l'Entrepreneur, sur le pied des prix alloués au bordereau.

ART. 30.

Maçonnerie en voûte.

Dans les maçonneries en voûte, le décintrement n'aura lieu qu'avec le double assentiment de l'Adjudicataire et des Agents des travaux; mais la conduite et les risques de l'opération appartiendront complétement au premier.

ART. 31.

Métré des maçonneries.

Toutes les maçonneries en moëllons, libages, briques et pierres de taille seront payées au mètre cube, déduction faite des vides de toute espèce. Celles faites pour remplir les mailles d'un grillage de fondation seront mesurées tant plein que vide.

Pour les parements vus en moëllons smillés, il est alloué une plus-value au mètre carré de parement vu, pour taille, pose et jointoiement.

Les maçonneries en moëllons piqués de granit, sont payées au mètre cube et au mètre carré de parement vu, pour taille et jointoiement.

Dans les maçonneries mixtes, on mesurera séparément chaque espèce de maçonnerie.

Les maçonneries en voûte, seront cubées comme les planes, mais leur prix sera augmenté d'une plus-value portée au bordereau, pour indemniser l'Entrepreneur de ses déchets et de la sujétion relative à ces constructions. Cette plus-value ne s'appliquera qu'aux maçonneries dont les matériaux seront disposés en coupe.

Les cintres pour les maçonneries de toute espèce, en voûte, seront payés à l'Entrepreneur, comme charpente provisoire, pose et dépose comprises.

Art. 32.

Plus-values.

Pour les maçonneries exécutées en Loire, au-dessous du niveau des hautes mers de vive-eau, il est alloué une plus-value, qui varie selon la nature de la maçonnerie.

Elle est d'un cinquième pour la maçonnerie en moëllons à pierres sèches, moëllons ordinaires et mortier, et moëllons de choix smillés, cette dernière comptée au mètre carré de parement vu.

Pour les maçonneries en moëllons piqués, et en pierres de taille, la plus-value est fixée à un dixième; la maçonnerie en pierres de taille comptée au cube seulement, et celle en moëllons piqués, au mètre cube et au mètre carré de parement vu.

Art. 33.

Tailles de pierres.

Les parements de toute espèce de pierres, seront parfaitement dégauchis et proprement taillés. Les pierres dures seront travaillées à la pointe et bouchardées le plus finement possible. Les pierres tendres seront travaillées au marteau taillant et au riflard; les arêtes seront vives, les angles bien entiers, sans écornures, les lits et joints dressés sur une longueur égale aux deux tiers environ de la hauteur d'assise.

Les panneaux et frais de tracés seront à la charge de l'Entrepreneur.

Des échantillons de matériaux piqués et taillés, seront déposés dans l'Établissement Impérial d'Indret, pour faire connaître la précision et le soin qui sont exigés pour la taille et le piquage.

Art. 34.

Métré.

La taille de pierres sera payée au mètre carré de parement vu, défalcation faite des vides, en comprenant la taille des lits et joints, le ragréage des parements et le rejointoiement.

Les évidements dans la pierre de granit, comprendront tous les trous ou enlèvements de pierres, entre quatre côtés conservés de la même pierre; ils seront payés au mètre cube. On paiera, en outre, la surface taillée des parois de l'évidement comme surface plane ou courbe, suivant le cas.

Les feuillures de portes, de croisées, etc., ne sont pas comprises dans les évidements.

Les rainures pratiquées dans la pierre de granit seront payées au mètre courant.

ART. 35.

Jointoiements.

Les rejointoiements sont de deux catégories :

1° Ceux qui auront été faits, en même temps que la maçonnerie, pour parements vus de moëllons smillés, moëllons de granit piqués et pierres de taille, et dont la valeur est comprise implicitement dans les prix des maçonneries et que l'Entrepreneur doit entretenir en bon état jusqu'à la recette définitive.

2° Les jointoiements sur maçonnerie ordinaire et les rejointoiements sur vieilles maçonneries qui seront exécutés après coup et dès lors payés à part.

Pour les uns, comme pour les autres, les joints seront toujours parfaitement nettoyés jusqu'à 6 centimètres de profondeur et bien grattés.

Le mortier sera jeté avec soin dans les joints, fortement pressé, bien lissé et ciré à la truelle ou au fer.

Les rejointoiements seront payés au mètre carré de surface rejointoyée, tous vides déduits et les échafaudages compris.

ART. 36.

Crépis et enduits.

L'application des enduits sera toujours précédée du nettoyage soigné des surfaces et de l'enlèvement du mortier des parties apparentes des lits et joints, et, quand cela sera jugé nécessaire, du mouillage ou de l'arrosage des surfaces à recouvrir.

Les matières à appliquer ne seront corroyées qu'au moment de l'emploi.

Les crépis, comme les enduits ordinaires, seront formés de deux couches : la première couche sera faite en fouettant fortement le mortier clair contre les parements des maçonneries, de manière à les recouvrir partout d'une couche d'au moins $0^{m},005$ d'épaisseur et sans qu'il y ait la moindre crevasse.

La 2e couche pour crépis ne sera appliquée que quand la première sera durcie et sera légèrement passée et dressée à la truelle.

La 2e couche, pour les enduits appliqués comme ci-dessus, sera ensuite passée à la truelle avec soin et bien lissée à la main de bois ou bouclier.

Si le crépis ou enduit se fait sur vieux murs, on aura soin de gratter jusqu'au vif les anciens crépis et jointoiements et de boucher les cavités qui pourraient rester dans la maçonnerie.

Tous les ouvrages ci-dessus seront payés au mètre carré, déduction faite des vides et parements vus de pierres de taille et frais d'échafaudage compris.

ART. 37.

Renformis.

Les renformis seront faits avec tout le soin possible : on devra d'abord gratter fortement les anciens mortiers, les arroser et fouetter sur les parois du mur une couche de mortier très-clair, ensuite on commencera la maçonnerie.

Les renformis seront exécutés avec un hourdis de mortier et de menus matériaux de même nature que ceux de la surface d'application ; ils seront mesurés au mètre carré et payés, selon leur épaisseur, au prix du bordereau.

ART. 38.

Blanchissages.

Les blanchissages seront exécutés avec de la chaux grasse délayée et avec les nuances ocreuses, qui seront adoptées par les Ingénieurs de l'Établissement.

Ils ne s'exécuteront que sur des surfaces bien sèches et bien nettoyées à deux ou trois couches ; chaque couche ne sera appliquée qu'après la complète dessiccation de la précédente.

Quant on y ajoutera de la colle, elle sera payée à part, comme fourniture seulement.

Les blanchissages seront payés au mètre carré de surface blanchie, déduction des vides des portes et croisées, mais sans développement pour les faces verticales des poutres et solives en bois.

ART. 39.

Dallages.

1° Les dalles en granit proviendront des meilleures carrières de Nantes, elles seront d'un grain fin et dur, de 0m,10 à 0m,14 d'épaisseur. Leur surface supérieure sera pannée ou bouchardée à la fine boucharde, avec ciselures autour et les joints retournés d'équerre sur une épaisseur de 0m,06 au moins.

Elles seront de forme rectangulaire et échantillonnées d'égale largeur ; on les posera à bain de mortier, sur un fond convenablement préparé. Les joints n'auront pas plus de 0m,006 d'épaisseur.

Ce travail sera payé au mètre carré de parement vu, fourniture, pose, taille et jointoiements en mortier hydraulique compris.

2° Les dalles en schiste seront équarries proprement, sans felures, gerçures, ni éclats, leurs joints seront retournés d'équerre sur une épaisseur de 0m,06.

Quand elles seront employées pour tablettes de couronnement de mur, les bords apparents seront taillés droits et proprement piqués sur toute l'épaisseur de la pierre.

Elles seront posées à bain de mortier, portant bien partout et les joints proprement faits en mortier hydraulique.

3° Les dalles ardoisines et celles en pierre blanches de tonnerre seront de première qualité ; leurs faces supérieures parfaitement planes et les joints légèrement démaigris, pour rendre le raccordement des dalles plus parfait.

Elles seront posées en bain sur une couche de mortier de $0^m,03$ d'épaisseur au moins, soumises au niveau, au cordeau et à la règle, tant pour la surface que pour les joints, lesquels seront aussi serrés que possible.

Les dallages reposeront sur une couche de sable ou gravier rapporté et régalé par les soins et aux frais de l'Entrepreneur.

Les dallages de toute espèce seront payés au mètre carré, fourniture, taille, pose et toute main-d'œuvre comprises.

Art. 40.

Carrelages.

Les carreaux en terre cuite proviendront, les uns des tuileries des environs d'Angers, les autres des tuileries de Tours : les uns et les autres seront de premier choix, bien cuits, bien moulés, sonores, non gauchis, et sans gerçures. Ceux qui seront fendus ou écornés seront rebutés.

Ils auront les dimensions prescrites au bordereau.

Les carreaux seront posés en bain de mortier sur une couche de $0^m,03$ d'épaisseur : ils seront posés de niveau, soumis à la règle et au cordeau, tant pour la surface que pour les joints, lesquels seront aussi serrés que possible.

Sous les carrelages qui seront faits sur des planchers et au rez-de-chaussée, l'Entrepreneur rapportera et régalera les sables ou graviers nécessaires pour les établir, sur une épaisseur d'environ $0^m,10$. Cet ouvrage sera compris dans le prix du carrelage, qui sera payé au mètre carré.

L'enlèvement des débris reste aussi à la charge de l'Entrepreneur.

Art. 41.

Ouvrages en asphalte.

Les asphaltes pour les dallages de ce nom proviendront, au choix de l'Adjudicataire, ou des mines de Pyremont, Seyssel ou de celles du Val-de-Travers.

Pour l'une ou l'autre origine, ces asphaltes seront livrés en roches, bien homogènes et purgés de terre et autres matières étrangères.

Suivant les indications des Ingénieurs, il sera ajouté à ces matières, au moment de la liquéfaction, une proportion de bitume liquide de Dax, transporté par barils.

L'épaisseur des enduits et plates-formes ne pourra être au-dessous d'un centimètre.

Les ouvrages en asphalte seront payés au mètre carré de pose.

Art. 42.

Dispositions communes à tous les ouvrages en maçonnerie.

En règle générale : 1° pour toutes les espèces d'ouvrages de maçonnerie par intermittence, les reprises en liaison des anciens ouvrages avec les nouveaux ne s'effectueront qu'après l'enlèvement complet des anciens mortiers dans les lits et joints apparents, et après le nettoyage et l'arrosage de ces derniers.

2° Les maçonneries extérieures, qui devront traverser la saison des gelées avant d'être achevées, seront recouvertes sur leur lit de dessus par une couche d'argile d'au moins $0^m,10$ d'épaisseur, ou par des nattes en paille de $0^m,06$ d'épaisseur, chargées de pierre.

SECTION 4.

Ouvrages en plâtre.

ART. 43.

Briques plâtrières.

Les briques pour cloison auront de $0^m,027$ à $0^m,03$ d'épaisseur et $0^m,22$ de longueur et $0^m,11$ de largeur. Elles devront être cuites à point, sans cependant présenter des parties vitrifiées.

Elles seront en tout conformes aux échantillons déposés à l'Établissement Impérial d'Indret et payées au millier.

ART. 44.

Lattes.

Les lattes pour plafond seront en cœur de chêne; elles auront environ $1^m,30$ de longueur, $0^m,04$ de largeur et $0^m,009$ d'épaisseur.

Les lattes devront être en bois bien sec, sans nœuds, ni fente et conformes à celles déjà employées à Indret. Elles seront payées au cent pour fourniture.

ART. 45.

Plâtres.

Les plâtres gris ou blancs seront cuits convenablement, tamisés avec soin et purgés de toutes matières étrangères.

Ils devront être de fraîche cuisson et parfaitement secs au moment de l'emploi, en se gâchant devenir onctueux, s'attacher aux doigts et absorber une quantité d'eau égale au moins à leur volume.

Les plâtres cuits gris ou blancs seront payés au quintal métrique.

ART. 46.

Cloisons en briques.

Pour les cloisons en briques de champ, les poteaux seront disposés comme il sera prescrit, ils porteront une rainure de $0^m,01$ de profondeur pour recevoir les briques, qui seront maçonnées en bon plâtre gris, gâché bien ferme, posées à rangs et à joints croisés, bien d'aplomb, recouvertes des deux côtés en plâtre gris ou blanc, selon qu'on l'ordonnera.

Les bois des poteaux seront hachés dans leurs parties non apparentes, pour maintenir l'enduit.

ART. 47.

Plafonds.

Les lattes pour plafonds en plâtre seront espacées de $0^m,010$ à $0^m,015$, afin que le plâtre puisse passer entre les joints et former crochet sur les lattes.

Elles seront clouées d'au moins une pointe sur chaque soliveau, et recouvertes d'une première couche en plâtre gris, qui aura au moins $0^m,01$ d'épaisseur, puis d'une deuxième couche en plâtre blanc passé au tamis de soie de $0^m,003$ à $0^m,004$ d'épaisseur. La surface du plafond devra être parfaitement plane et dressée et on ne devra apercevoir aucun coup de truelle.

Quand on refera des plafonds sur vieux lattis, on aura soin de faire tomber le plâtre, vider les joints et reclouer les lattes qui seraient détachées.

ART. 48.

Enduits.

Les enduits en plâtre sur mortier, sur murs ou sur vieux plâtres, seront à une ou deux couches, selon qu'il sera ordonné. La première couche sera toujours en plâtre gris et la deuxième en plâtre blanc passé au tamis fin. Les enduits devront rectifier les irrégularités de la maçonnerie; les arêtes seront parfaitement vives et régulières.

ART. 49.

Métré des ouvrages.

Les cloisons en briques de champ, avec ou sans enduit des deux côtés, seront payées au mètre carré d'un côté, tous vides déduits; on comprendra, dans le métré, les traverses, montants et poteaux d'huisserie, qui seront, en outre, payés à part comme menuiserie.

Les plafonds seront payés au mètre carré, vides déduits; quand il sera fait au plafond des cadres ou autres moulures, ces ornements seront payés par une estimation de la commission des recettes.

Les corniches, moulures, rosaces seront payées au mètre courant, par centimètre de leur profil développé ou d'après estimation, suivant les difficultés du travail.

Les enduits seront payés au mètre carré, d'après leur surface réelle, déduction faite des vides.

L'Entrepreneur sera tenu de réparer et même de refaire à ses frais les parties tombées ou crevassées, pendant l'année qui suivra l'exécution des travaux.

SECTION 5.

Pavages.

ART. 50.

Pavés.

Les pavés seront en granit, de couleur bleue; ils proviendront des carrières de Miséry ou de la Conterie. Ils seront, autant que possible, de forme cubique, et la surface du fond ne pourra être moindre que les deux tiers de la surface de tête; ils seront de premier ou de deuxième échantillon et auront les dimensions suivantes :

Le 1er choix se composera de pavés de $0^m,18$ à $0^m,20$ de côté, sur $0^m,26$ de queue.

Le 2e choix se composera de pavés de $0^m,15$ à $0^m,18$ de côté, sur $0^m,23$ de queue.

Les pavés seront bien épincés, sans fils, les têtes rectangulaires et les joints tranchés bien nettement; leur bombement en couronne sera d'environ $0^m,005$.

Art. 51.

Pavages neufs.

Pour les pavages neufs, l'Entrepreneur sera tenu de préparer la forme et d'enlever les terres, qu'il fera transporter dans un lieu indiqué. Ces pavés seront posés sur une forme de sable de $0^m,30$ d'épaisseur, conduits par rangs égaux et dressés suivant les niveaux de pentes, bombements et formes qui auront été prescrits; toute la nappe sera battue par un temps sec, jusqu'au refus, au moyen de la hie en bois de 15 à 20 k.

Art. 52.

Pavages en relèvements.

Les parties de pavages à relever seront démolies aux frais de l'Entrepreneur, qui fera le triage des pavés en état de servir. Le triage fait, l'Entrepreneur fera poser en premier lieu tous les vieux pavés propres au service, en les retaillant, s'il y a lieu, et le vide résultant des rebus sera rempli en pavés neufs, qui seront payés à part au prix du bordereau.

Le repiquage des pavés enfoncés ou déplacés sera payé comme pavage en relèvement sur demi-forme de sable neuve, les pavés non retaillés.

Dans tous les cas de pavages neufs, relevage à bout ou repiquage, l'Entrepreneur fera répandre, sur les parties nouvellement travaillées, une couche de sable de $0^m,03$ d'épaisseur; mais cette opération n'aura lieu qu'après que le travail aura été approuvé par les Agents des travaux.

Art. 53.

Pavages en bain de mortier hydraulique.

Les pavés en bain de mortier hydraulique seront sur forme de sable; ils seront exécutés avec toutes les précautions déjà prescrites. L'aire sera préparée comme pour les pavages neufs, ensuite on maçonnera les pavés en plein mortier, les serrant fortement du marteau en tête et en joints, jusqu'à ce que le mortier souffle, ayant soin de placer lesdits pavés par rangées égales et à joints recouverts dans un plan parfait; la queue du pavé devra baigner dans le mortier, et aucune partie ne devra se trouver directement en contact avec le sable.

Ces pavés ne seront pas battus à la hie; mais après que l'ouvrage sera terminé, les joints seront examinés et remplis, au besoin, d'un coulis de mortier.

ART. 54.

Métré des ouvrages.

Tous les pavages seront payés au mètre carré, aux prix prévus au bordereau pour ces diverses espèces d'ouvrages.

Dans le cas où en opérant les relevés de pavages, on voudra changer les pentes, bombements, etc., et où il en résulterait des déblais ou remblais de terre, l'Entrepreneur en sera payé d'après les cubes de déblais ou remblais, aux prix du bordereau.

S'il était ordonné de démolir quelques parties de chaussées dont les pavés n'auraient pas de destination immédiate, l'Entrepreneur fera cette démolition et le transport des pavés en magasin; il sera payé de ce travail au millier de pavés propres au service, suivant estimation. L'enlèvement des décombres sera, dans tous les cas, à la charge de l'Entrepreneur.

ART. 55.

Empierrements à la Mac-Adam.

Quand le sol aura été convenablement préparé, qu'il aura été bien damé et qu'il présentera le bombement prescrit, on recouvrira cette forme d'une couche de 0m,08 de granits ou cailloux cassés, dans les dimensions prescrites, soigneusement et uniformément repandus sur la surface; on massivera cette première couche au moyen d'un cylindre en fonte, pareil à celui en usage sur les grandes routes, et on livrera la voie au passage des voitures; les ouvriers combleront, aux frais de l'Entrepreneur, les flaches et ornières, à mesure qu'elles se formeront.

Quand cette première couche sera consolidée, on placera de la même manière une seconde couche de 0m,08, et même une troisième, selon qu'il sera prescrit par l'Ingénieur chargé du service.

ART. 56.

Métré des empierrements.

Les déblais, remblais, damages et toutes les opérations nécessaires pour l'établissement préalable du sol seront faits par économie ou payés à part, au mètre cube ou au mètre carré, suivant les prix du bordereau.

Les empierrements proprement dits seront payés au mètre carré, à raison du prix porté pour chaque couche de 0m,08 d'épaisseur.

SECTION 6.

Charpente.

ART. 57.

Espèce et qualité des bois.

Tous les bois de charpente seront en chêne, hêtre ou sapin, coupés en bonne saison, et auront au moins deux ans de coupe. Ils seront droits, sains, non échauffés, sans aubier, sans piqûres de vers, sans fentes de sécheresse nuisibles au travail, roulures, gelivures, ni nœuds vicieux. Les bois de chêne seront du Nord ou du pays, de belle qualité; les hêtres seront de France; le sapin rouge proviendra de Dantzick ou de Riga; le sapin blanc de Norwège.

On ne recevra que des bois bien secs et qui aient été conservés à couvert, jusqu'au moment de leur emploi.

Les bois pourront toujours, avant leur mise en œuvre, être sondés à la tarrière ou éboutés à la scie par les ordres de l'Ingénieur.

ART. 58.

Bois de chêne ou de hêtre en grume.

Les bois de chêne ou de hêtre en grume, seront sains, droits, de belle venue et sans écorce. Ils seront mesurés géométriquement et payés au stère ou au mètre cube.

Les dimensions d'équarrissage seront des moyennes, quand la grosseur de la pièce ne sera pas constante.

ART. 59.

Bois pour charpentes provisoires.

Les bois pour charpentes provisoires, telles que cintres, étais ou charpente de ponts de service, seront de toute essence, vieux ou neufs, mais ils devront être sains, non échauffés ni piqués, sans nœuds compromettant leur solidité, et, s'ils ont déjà servi, sans entailles nuisibles à leur nouvel emploi.

ART. 60.

Bois de chêne grossièrement équarris.

Les bois de chêne grossièrement équarris, pour grillage, solives de planchers, etc., seront dégrossis à la hache sur les quatre faces et entièrement purgés d'aubier; ils seront admis avec des flaches ayant moins de $0^m,05$ mesurés sur le biais. Ceux qui présenteraient, sur les quatre faces, des parties saillantes ou rentrantes trop prononcées seront rebutés, ou si l'on juge pouvoir les employer sans inconvénient, ils seront mesurés et payés comme bois en grume.

Bois de sapin.

Les bois de sapin seront toujours équarris à vive arête.

ART. 61.

Bois équarris à vive arête.

Les bois de chêne ou de sapin pour charpente ordinaire ou de sujétion seront toujours équarris à vive arête, sans démaigrissement sur les arêtes ou sur les faces.

Tous ces bois seront exactement et solidement assemblés, conformément aux ordres et aux dessins, suivant les règles de l'art, soit à tenons et mortaises, avec ou sans renforts, soit à embrévement simple ou compliqué, à entailles, à queue d'aronde, ou toute autre coupe requise par les circonstances, suivant ce qui sera prescrit.

Le fond de toutes les mortaises horizontales, le bas de toutes les pièces verticales seront percés, suivant ce qui sera prescrit, de forts trous de tarière, pour assurer la ventilation et prévenir l'échauffement des bois.

Les bois seront retenus dans leur assemblage, en cas de besoin, par

5

des boulons, chevillettes, étriers, équerres ou autres ferrements, qui seront jugés nécessaires. Ces ferrements seront posés et entaillés dans le bois, s'il y a lieu, sans que l'Entrepreneur puisse rien réclamer pour cette pose, qui est comprise dans les prix alloués pour ferrures de toutes espèces.

Les ferrements autres que clous, pointes, chevilles, etc., de $0^m,10$ de longueur et au-dessus (*tête comprise*) seront payés à part, pour fourniture et pose, au prix du bordereau.

ART. 62.

Bois appartenant à l'État.

S'il se trouve de vieilles charpentes à démonter pour les transporter ailleurs, l'Entrepreneur les démontera et fera transporter les bois à pied-d'œuvre et en opèrera le remontage sur l'ancien plan.

Si la charpente est à démolir simplement, l'Entrepreneur la démontera avec précaution et fera transporter les bois dans le magasin, où il les arrangera suivant l'ordre qui lui sera prescrit.

Lorsqu'on voudra remettre en œuvre des bois provenant de vieilles charpentes, l'Entrepreneur les travaillera et les remaniera suivant ce qui lui sera prescrit; les recoupes seront à l'État.

Si par maladresse, négligence ou défaut de précaution, des pièces de démolition sont mises hors d'état de servir, l'Entrepreneur les remplacera à ses frais, sans pouvoir rien exiger au-delà du prix fixé pour déplacement et replacement.

Lorsque les matériaux démontés devront être transportés sur un autre point de l'île, le transport sera effectué par l'Entrepreneur, qui en sera payé au mètre cube de bois transporté au prix prévu au bordereau.

ART. 63.

Pilots.

Les pilots seront en bois de chêne, de hêtre ou de sapin, suivant les ordres donnés à l'Entrepreneur; ceux en chêne seront en bois en grume, bien droits, dépouillés de leur écorce, grossièrement équarris; mais ceux en sapin seront toujours en bois équarri à vive arête.

Ils seront appointés et garnis, si le travail l'exige, de sabots en fonte ou en fer, et s'ils ne sont point garnis, la pointe sera charbonnée.

S'il était nécessaire d'enter des pilots avant ou pendant le battage, l'enture s'exécuterait suivant les tracés qui seraient donnés à l'Entrepreneur, et elle serait consolidée par des armatures et des boulons qui seraient payés à part.

On devra, si on a à craindre que la chute du mouton ne fasse fendre le pilot, garnir la tête d'une frette en fer; les sabots et frettes seront payés à part au kilogramme.

Les pilots seront payés au mètre cube, œuvrés et mis en fiche.

Battage.

Les pilots seront battus jusqu'au refus, qui sera déterminé pour chaque cas, ou bien seulement à une profondeur déterminée à l'avance. Dans l'un ou l'autre cas, l'Entrepreneur sera payé au mètre courant de la partie enfoncée dans la terre, le gravier, le sable ou la vase.

Art. 64.

Palplanches.

Les palplanches, suivant les ordres de l'Ingénieur, seront en chêne, en hêtre ou en sapin, et de l'épaisseur qui sera prescrite; elles seront également frettées en tête et charbonnées à la pointe, et assemblées comme il sera ordonné. Elles seront payées au mettre cube, œuvrées et mises en fiches.

Battage.

L'enfoncement sera payé au mètre courant de fiche de chaque palplanche, dans la terre, le gravier, le sable ou la vase.

Les sabots et les frettes, s'il est nécessaire d'en mettre, seront payés à part.

Art. 65.

Plates-formes, sonnettes, pontons, bateaux, etc., pour battage de pieux et palplanches.

L'Entrepreneur aura à son compte les plates-formes de toute espèce, les sonnettes grées à la tirande ou à déclic avec tous les apparaux qui s'y rattachent, les pontons, bateaux, etc.; enfin, tous les ustensiles et apparaux nécessaires au battage des pieux et palplanches, lorsque ces travaux seront exécutés conformément à ce qui est prévu au bordereau. Mais si la marine, pour des raisons dont elle seule sera juge, se décidait à exécuter lesdits travaux en régie, à la journée ou à la tâche, elle fournirait et entretiendrait, à ses frais, tout le matériel nécessaire. Dans le cas où elle manquerait d'une partie du matériel, cette portion serait fournie par l'Entrepreneur qui en serait payé à un prix débattu avec l'Administration,

Lorsque le battage s'effectuera à terre ou sur plate-forme fixe, il y aura une réduction sur les prix prévus au bordereau; mais la plateforme sera payée à l'Entrepreneur comme charpente provisoire.

Art. 66.

Métré.

Les ouvrages de charpentes de toute espèce seront mesurés au stère de bois œuvré et posé, en comptant les mortaises et tenons comme plein bois.

On ne considérera comme charpentes avec assemblage que les pièces réunies à tenons et mortaises; les autres, telles que grillages, lambourdes, chevrons, pannes coupées en biseau ou entaillées à mi-bois; les entailles perpendiculaires au fil du bois, seront considérées comme charpentes sans assemblage.

Lorsque les bois diminueront ou devront diminuer de grosseur, l'équarrissage réduit se prendra géométriquement.

Art. 67.

Echafaudages.

L'Entrepreneur ne pourra exiger aucune plus-value pour frais d'échafaudage ou de levée de charpente.

Art. 68.

Sciage.

Le sciage, quand il devra être payé à part, sera mesuré au mètre carré du trait droit de scie; les deux faces en contact compteront pour une seule. Les prix du sciage comprendront la main-d'œuvre, les outils, chaînes, chevalets, la mise en chantier et l'enlèvement de dessus le chantier.

ART. 69.

Rabotage.

Les blanchiments de bois, quand il y aura lieu d'en faire, seront faits proprement à la varlope et au rabot; lorsqu'ils devront être payés à part, ils seront mesurés au mètre carré de surface blanchie.

ART. 70.

Conditions générales.

Lorsque les mêmes fermes ou objets de charpente seront multiples dans le même travail, l'Ingénieur pourra exiger qu'avant la pose à demeure, une des fermes ou objets soit monté dans les chantiers, pour y être essayée d'après la charge maximum à supporter.

Le montage sera payé comme les charpentes provisoires et dans les mêmes conditions.

L'Entrepreneur sera tenu, sans indemnité, d'appliquer les modifications jugées nécessaires; mais il lui sera tenu compte, au prix du bordereau, des objets déformés et mis hors de service par les essais, lorsque les déformations ou avaries ne proviendront pas de la mauvaise qualité du bois ou de vices d'exécution.

SECTION 7.

Couverture.

ART. 71.

Ardoises.

Les ardoises proviendront d'Angers; elles seront de l'espèce dite poil-taché, de $0^m,18$ de largeur, sur $0^m,30$ de longueur, présentant au minimum 4 millimètres d'épaisseur. Elles seront conformes, sous tous rapports, aux échantillons déposés à l'Établissement d'Indret.

Le côté supérieur ne sera pas coupé carrément, mais il sera de rigueur, après leur taille, que chacune de leurs arêtes soit parfaitement droite, à l'équerre de leur bord inférieur sur les deux tiers au moins de la longueur totale de l'ardoise.

ART. 72.

Tuiles faîtières.

Les tuiles faîtières seront parfaitement moulées, bien cuites et sonores; elles auront $0^m,32$ de longueur, $0^m,34$ de largeur développée et $0^m,02$ d'épaisseur.

ART. 73.

Voliges.

Les voliges seront en sapin blanc, de $0^m,20$ de largeur et de $0^m,015$ à $0^m,025$ d'épaisseur, suivant l'écartement des chevrons ou fermes en planches, elles seront de largeur uniforme, sans démaigrissement sur les bords, saines, droites et bien sèches.

ART. 74.

Pointes et clous.

Les pointes et clous pour couverture seront en fer doux, de première qualité, la tête bien plate et forte et seront galvanisées à moins d'ordres contraires.

Les pointes à voliges auront $0^m,050$ de longueur et seront moyennement de 500 au kilog.

Les clous à ardoises auront de $0^m,030$ à $0^m,035$ de longueur et le kilog. en contiendra moyennement de 600 à 700.

Les pointes à chevrons, qui ne seront jamais galvanisées, auront de $0^m,14$ à $0^m,15$ de longueur et environ $0^m,006$ de diamètre.

ART. 75.

Chevrons et tasseaux.

Les chevrons seront en chêne ou en sapin rouge, suivant ce qu'il sera prescrit, ils seront sans aubier, ni nœuds vicieux, droits, non fendus, et équarris à vives arêtes. Ceux en chêne auront $0^m,08$ d'équarrissage et ceux en sapin de $0^m,08$ à $0^m,09$.

Les tasseaux pour couverture en zinc seront en sapin rouge de 0^m 07 d'équarrissage et façonnés suivant les indications fournies à l'Entrepreneur.

ART. 76.

Exécution des ouvrages en ardoises.

Les chevrons seront fixés sur les pannes, faites ou sablières par des pointes de $0^m,14$ à $0^m,15$ de longueur. Les trous seront percés à la vrille. Tout chevron fendu après la pose sera enlevé et remplacé; les voliges seront clouées par des pointes de $0^m,05$ sur chaque chevron, espacées entre elles de $0^m,02$ à $0^m,03$; les extrémités porteront toujours sur un chevron, mais les joints devront se recouper.

Les ardoises seront fixées sur les voliges alternativement par un et deux clous pour les portions de couverture qui ne formeront pas noues, arêtiers, égoûts, faux-combles, parties verticales. Pour toutes ces dernières, il y aura deux clous par ardoise; le recouvrement sera de deux tiers de la longueur de l'ardoise et le pureau de $0^m,10$ au maximum; elle devront être bien alignées et serrées de manière à ne laisser aucun jour.

Les faîtages et les noues seront recouverts en zing, plomb ou tuiles, cet ouvrage sera payé à part.

ART. 77.

Ouvrages remaniés.

Dans les ouvrages remaniés, les ardoises seront levées avec tout le soin possible et replacées, suivant le cas, sur lattis neuf ou vieux; dans les remaniements sur vieux lattis non démontés, le reclouage des voliges, partout où les pointes manqueront, sera à la charge de l'Entrepreneur, mais les pointes seront payées à part.

ART. 78.

Demolition de couvertures.

Dans toute démolition de couverture, les ardoises qui ne devront pas être reposées de suite, seront descendues avec précautions et rangées à pied-d'œuvre, ou conduites en magasin, selon ce qui sera indiqué; les matériaux, brisés par la faute de l'Entrepreneur, seront remplacés à ses frais.

Ce travail sera payé au millier d'ardoises descendues et rangées avec soin.

ART. 79.

Métré.

Toutes les couvertures, tant neuves que relevées, seront métrées d'après la superficie apparente, effective et sans usages aucuns; les passages des cheminées ne seront pas déduits, mais on déduira l'emplacement des lucarnes dont la surface sera métrée à part.

Les tuiles faîtières posées sur un lit de mortier, les joints recouverts d'un massif du même mortier, seront payées à part au mètre courant.

ART. 80.

Ardoises en recherche.

Les ardoises en recherche seront comptées au cent pour les ouvrages qui compteront moins de dix ardoises réunies, au-delà, elles seront payées au mètre carré.

ART. 81.

Obligations quant à l'exécution des couvertures.

Les échelles, outils, chevalets, échafaudages, etc., seront à la charge de l'Entrepreneur.

Après l'achèvement des travaux neufs ou de réparation, il devra faire balayer les toits, les chénaux et dégorger les conduits de descente.

Il entretiendra, à ses frais, pendant un an, les couvertures neuves faites par lui, sauf les avaries provenant de force majeure dûment constatées produites par d'autres causes que le manque de solidité ou de bonne confection.

Les réparations seront entreprises et menées avec célérité, par parties susceptibles d'être fermées en un jour et suivant ce qui sera prescrit.

ART. 82.

Pots pour têtes de cheminée.

Les pots en terre cuite seront de bonne qualité, bien moulés et bien cuits; ils auront les dimensions prescrites et seront soigneusement posés en mortier de chaux hydraulique.

L'Entrepreneur en sera payé à la pièce.

SECTION 8.

Menuiserie.

ART. 83.

Qualité des bois.

Les bois qu'on emploiera généralement pour toute espèce d'ouvrages de menuiserie seront de la meilleure qualité, sains, sciés de fil et non tranchés, très-secs, non échauffés, sans gerçures, roulures, gélivures, nœuds vicieux, piqûres de vers, ou autres défauts quelconques; ils auront au moins deux ans de sciage, et auront été conservés à couvert pendant un an au moins.

ART. 84.

Clous, pointes, etc.

Les clous, pointes, pattes, chevilles, etc., seront d'un fer doux, liant, sans pailles ou autres défauts, et bien fabriqués.

Quand il y aura lieu de les payer à part, ils le seront au poids ou à la pièce, suivant l'espèce.

ART. 85.

Travail des bois.

Tous les bois seront complétement purgés de leur aubier; ils seront à vives arêtes, sans flaches. Tous les assemblages et autres ouvrages seront faits avec soin, suivant les règles de l'art. Les feuillures, languettes, reverseaux et autres saillies seront élégis et non rapportés, les tenons rempliront exactement les mortaises, lesquelles ne devront jamais traverser complétement le bois.

ART. 86.

Façons générales des planchers, cloisons et autres ouvrages analogues.

Les planches pour planchers seront de largeur et d'épaisseur uniformes, rabotées sur une ou deux faces, suivant ce qui sera ordonné. Les planches en sapin n'auront jamais plus de $0^{m},22$ de largeur, et celles en chêne de $0^{m},25$.

Autant que possible elles devront être dressées et rabotées trois mois avant leur mise en œuvre.

Avant leur mise en place, elles seront scrupuleusement examinées; celles qui présenteraient de l'aubier ou quelqu'un des défauts signalés plus haut seront rebutées et remplacées immédiatement.

Les extrémités seront coupées d'équerre et tomberont au milieu de la solive; les planches entreront dans le mur, de l'épaisseur de l'enduit, et après la pose, on rabotera les surfaces, de façon à faire disparaître les inégalités qui pourront se trouver au raccordement des joints.

Les pointes auront au moins deux fois et demie l'épaisseur des planches.

Tous les planchers, quels que soient le bois et la façon, seront embranchés.

ART. 87.

Planchers à joints plats.

Pour les planchers à joints plats, les planches d'épaisseur et de largeur uniformes seront clouées sur les gîtes, au moyen de deux ou trois pointes suivant la largeur, les joints se croisant partout aussi symétriquement que possible.

ART. 88.

Planchers à rainures et languettes.

Pour les planchers à rainures et languettes, outre les prescriptions précédentes, on garnira de frise les foyers et embrasures des portes et fenêtres. Les languettes auront le tiers de l'épaisseur de la planche et moitié de ladite épaisseur en largeur.

ART. 89.

Planchers de frise.

Les planchers de frise seront formés de planches refendues également de manière à présenter (languettes non comprises) une largeur constante de 0m,10 ou au-dessous, et une longueur de 1 mètre au plus, quand les planches ne seront pas employées sur toute leur longueur. Elles seront corroyées, mises d'épaisseur, dressées à la varlope et ensuite assemblées à rainures et languettes sur toutes les faces, le cœur de l'une contre le côté de l'autre. Les bouts devront porter toujours symétriquement sur un soliveau ou gîte avec frise autour du foyer. Chaque planche sera fixée à chaque soliveau par une ou deux pointes inclinées et clouées dans le joint au-dessus de la languette. Les planches seront posées de manière à former des panneaux rectangulaires, ou de manière que les lames se croisent correctement en leur milieu.

ART. 90.

Planchers à bâtons rompus ou à feuilles de fougère.

Lorsqu'il sera ordonné de faire des planchers à bâtons rompus ou à feuilles de fougère, ils devront être exécutés proprement et solidement et suivant les règles de l'art.

ART. 91.

Planchers, cloisons et ouvrages analogues en bois à l'Etat.

La démolition des vieux planchers sera payée à part et faite avec tout le soin possible, de manière à faire servir le plus de matériaux qu'on pourra.

Les planches seront purgées de clous et nettoyées et grattées.

L'Entrepreneur sera responsable des dégâts provenant de la faute de ses ouvriers.

Les planches jugées propres au service seront travaillées et posées avec le même soin que les planches neuves; les joints et languettes, s'il y en a, seront entièrement refaits à neuf. Ces ouvrages seront payés aux prix du bordereau comme planchers en bois à l'Etat.

ART. 92.

Métré.

Les planchers, cloisons et autres ouvrages analogues, seront payés au mètre carré effectif d'un côté, clous compris, déduction faite des vides.

ART. 93.

Portes et contre-vents.

Les planches pour portes, contre-vents satisferont avant tout aux conditions générales énoncées plus haut; elles auront de 0m,20 à 0,m22 de largeur, lorsqu'elles ne devront pas être refendues.

Quand les planches seront refendues, il sera poussé des quarts de rond sur les joints montants.

Les fonds pour portes pleines et contre-vents seront en planches de chêne ou de sapin, suivant ce qui sera prescrit, blanchies des deux côtés, assemblées à rainures et languettes, collées et bien serrées avec deux clés en chêne à chaque joint montant ; ils seront emboîtés à tenons et mortaisés aux extrémités dans des planches de même épaisseur, et de $0^m,12$ à $0^m,15$ de largeur, bien chevillés et proprement raccordés, ou bien assemblés sur deux barres et une écharpe, les barres étant entaillées à queue d'aronde, et chassées de force dans les fonds ; le dessus de ces barres sera taillé en chanfrein pour empêcher l'eau d'y séjourner. Les barres et écharpes de portes seront en chêne ou en sapin, suivant les indications ; les bâtis seront toujours en chêne.

Les fonds des portes et contre-vents seront fixés sur les pièces du bâtis au moyen de pointes de deux fois et demie l'épaisseur du plancher, à raison de 2 ou 3 pointes par planche, sur chaque barre ou écharpe.

ART. 94.

Obligations de l'Entrepreneur.

En cas de mal-façon ou de fourniture de bois non suffisamment sec, l'Entrepreneur sera tenu, pendant un an, au remaniement et au remplacement, lorsque besoin sera, des portes et contre-vents.

ART. 95.

Métré.

Les fonds pour portes et contre-vents en planches de chêne ou de sapin seront payés au mètre carré effectif d'un côté (emboîtures comprises), les barres, écharpes, traverses et bâtis seront payés à part, au mètre courant.

ART. 96.

Portes à panneaux.

Les portes à panneaux à un ou deux ventaux seront faites en bois de choix et sans défaut, de trois ans de débit au moins.

Les montants et traverses auront $0^m,12$ de largeur et $0^m,027$ à $0^m,033$ d'épaisseur, les panneaux de $0^m,015$ à $0^m,020$ d'épaisseur.

La traverse du milieu aura toujours $0^m,10$ de largeur entre les moulures.

Dans la menuiserie mixte, les bâtis seront en chêne et les panneaux en sapin ; ils seront proprement rapportés, bien assemblés, ornés de moulures sur un côté ou sur les deux côtés, selon qu'il sera dit. Les traverses du haut et du bas auront leurs tenons poussés dans toute la largeur des montants faisant angles dans les moulures.

La languette des panneaux aura toujours l'épaisseur de la plate-bande du panneau et entrera de $0^m,012$ dans les rainures du bâtis.

Ces portes seront payées au mètre carré d'un côté, sans développer les moulures ; les chambranles, quand il y en aura, seront payés à part.

ART. 97.

Portes-vitrées.

Les portes vitrées seront en bois de chêne, avec panneaux en même bois et embrevés, blanchies sur toutes les faces.

L'Entrepreneur, pour tous les détails d'exécution, se conformera aux dessins qui lui seront donnés; il sera payé de ces ouvrages au mètre carré d'un côté, les dimensions étant prises en dehors des dormants, quand il y en aura.

ART. 98.

Devantures de placards.

Les portes de placards seront en bois de sapin, exécutées comme les portes à panneaux; elles seront avec ou sans moulures, suivant ce qui sera prescrit.

Elles seront payées au mètre carré d'un côté, dormants compris.

ART. 99.

Volets à panneaux.

Les volets à panneaux seront brisés ou non brisés, en bois de sapin; les cadres de $0^m,022$ ou de $0^m,027$, avec panneaux de $0^m,010$ ou de $0^m,015$, sans moulures ou avec moulures d'un seul côté. La largeur des montants, panneaux et traverses sera réglée dans chaque cas. L'exécution sera traitée comme pour les portes à panneaux; le mesurage et le paiement se feront de la même manière.

ART. 100.

Lambris.

Les lambris, revêtements de portes et croisées seront sans moulure ou avec moulures, suivant les indications; quand ils seront avec moulures, ils auront bâtis en bois de chêne ou de sapin, suivant le cas, mais les panneaux seront toujours en sapin; le tout sera proprement varlopé; ils seront exécutés conformément aux dessins, assemblés solidement et proprement, à tenons et à mortaises.

Les panneaux du remplissage seront joints, à rainures et languettes collés et solidement assemblés avec les bâtis.

Les panneaux de lambris de grande surface seront consolidés par l'Entrepreneur et à ses frais, au moyen d'écharpes en croix de Saint-André, en bois brut.

Le parement du côté du mur restera brut, les montants et traverses d'encadrement auront $0^m,027$ à $0^m,030$ et les panneaux de $0^m,015$ à $0^m,020$ d'épaisseur.

Les lambris de hauteur ou d'appui seront mesurés et payés au mètre carré d'un côté, tout compris, sans développer à part les moulures, plinthes et cymaises. Ainsi, pour un lambris de hauteur, à un ou plusieurs panneaux, on prendra la hauteur du plafond au-dessus du plancher, et pour un lambris d'appui, la hauteur du dessus de la cymaise au-dessus du plancher.

Les pointes sont comprises dans les prix du bordereau, les pattes seront payées à part pour fourniture seulement.

ART. 101.

Chambranles, plinthes Cymaises, etc.

Les chambranles, les plinthes, les cymaises, les baguettes d'angles de portes ou de fenêtres, les moulures d'encadrement, les couvre-joints, les boudins, les huiseries de portes, les tasseaux, seront payés au mètre courant.

Tous ces objets seront varlopés sur toutes les faces apparentes et solidement posés et retenus par des clous, pointes ou vis, qui sont compris dans le prix du bordereau.

Les pattes seront comptées à part pour fourniture seulement.

ART. 102.

Etagères.

Les rayons ou étagères, les côtés desdites étagères, les consoles et les tasseaux qui les soutiendront, et les autres ouvrages de cette nature, seront en sapin rouge du Nord, blanchis et proprement travaillés sur toutes les faces, rainetés et bouvetés.

Ils seront payés au mètre carré d'un côté, tout compris.

ART. 103.

Porte-manteaux.

Les portes-manteaux se composeront de champignons tournés, assemblés sur une tringle en bois de sapin, de $0^m,10$ de largeur et $0^m,027$ d'épaisseur, blanchie sur toutes les faces apparentes. Les champignons seront espacés de $0^m,25$ de milieu en milieu.

Ils seront payés au mètre courant, pose comprise.

Les portes-manteaux mobiles seront payés à la pièce.

ART. 104.

Consoles et écharpes pour tablettes.

Les consoles pour étagères seront en bois de sapin du Nord, de $0^m,027$ à $0^m,030$ d'épaisseur, rabotées des deux côtés et proprement chantournées.

Les écharpes seront aussi en bois de sapin; elles se composeront de trois pièces, une traverse verticale, une autre horizontale et la troisième formant jambette; elles seront assemblées à tenons et mortaises et chevillées.

Les consoles et les écharpes, quand il y aura lieu de les payer à part, seront payées à la pièce, pose comprise.

ART. 105.

Devantures de cheminées.

Les devantures des cheminées seront en bois de sapin, de $0^m,030$ pour la tablette, la frise et les jambages, et de $0^m,022$ seulement pour les côtés, blanchies sur toutes les faces apparentes. Les chapiteaux et les bases seront formés avec des moulures rapportées.

Elles seront payées à la pièce, pose comprise.

ART. 106.

Fonds de baignoires.

Les fonds de baignoires seront en planches de sapin, blanchies des deux côtés, assemblées à rainures et languettes, et maintenues par deux traverses en bois de sapin, de $0^m,07$ de largeur et de $0^m,030$ d'épaisseur solidement clouées.

Ils seront payés à la pièce, pose comprise.

ART. 107.

Echelles pour étagères.

Les échelles pour étagères seront en bois de sapin rouge du Nord, de $0^m,04$ d'équarrissage pour celles de $0^m,20$ à $0^m,40$ de largeur et de $0^m,06$ d'équarrissage pour les échelles de plus grande largeur. Les montants et traverses seront assemblés à tenons et mortaises, et rabotés sur toutes les faces.

Elles seront payées au mètre courant, pose comprise.

ART. 108.

Echelles de greniers.

Les échelles pour communiquer dans les greniers seront en bois de sapin. Pour celles de petites dimensions, les montants et barreaux auront de $0^m,027$ à $0^m,030$ d'épaisseur et $0^m,11$ de largeur; les barreaux auront $0^m,50$ de longueur. Pour les échelles plus fortes, les montants et barreaux auront $0^m,21$ de largeur et de $0^m,030$ à $0^m,033$ d'épaisseur; la longueur des barreaux est fixée à $0^m,60$.

Les montants et les barreaux seront rabotés sur toutes les faces et assemblés à tenons et mortaises, à raison de deux tenons pour chaque barreau formant marche.

Elles seront payées au mètre courant.

ART. 109.

Lambourdes.

Les lambourdes seront en bois de chêne, de $0^m,08$ à $0^m,09$ d'équarrissage, quand elles reposeront sur le sol, et de $0^m,04$ seulement, quand elles seront fixées sur plancher; elles seront toujours purgées d'aubier, Lors de la pose, on devra les niveler avec soin, les caler solidement, et dresser au rabot le parement supérieur.

Elles seront payées au mètre courant, pose comprise.

ART. 110.

Siéges de lieux d'aisance.

Les siéges pour lieux d'aisance seront en bois de chêne très-sec, la tablette aura $0^m,04$ d'épaisseur et devra faire saillie de $0^m,04$ sur le lambris avec lequel elle s'assemblera, à rainures et languettes. Le lambris sera moins épais que la tablette, il aura seulement $0^m,022$; l'un et l'autre seront varlopés sur toutes les faces apparentes.

La lunette se couvrira à l'aide d'un couvercle en même bois, surmonté d'un bouton tourné.

Les siéges seront payés à la pièce, couvercle et pose compris.

ART. 111.

Rampes en bois de sapin.

Les rampes en bois de sapin pour escaliers droits seront soigneusement travaillées, elles auront environ $0^m,06$ d'équarrissage, le dessus sera arrondi et les côtés légèrement évidés.

Elles seront fixées au mur ou à la cloison, au moyen de pattes à scellement, qui seront payées à part pour fourniture et pose.

Les rampes seront payées au mètre courant, pose comprise, moins les ferrures.

ART. 112.

Escaliers.

Les escaliers seront exécutés avec tout le soin possible; les bois pour les limons, faux limons, marches, contre-marches et mains-courantes, seront de premier choix.

L'Entrepreneur se conformera aux dessins qui lui seront remis, il sera payé des mains-courantes au mètre courant, pose comprise; et des escaliers, à la marche.

Il est établi un prix pour les parties droites et un autre pour les parties courbes.

ART. 113.

Croisées.

Les bois de chêne seront les seuls employés pour croisées; ils seront très-secs, doux et sans nœuds; les deux montants des dormants et la traverse d'en haut auront pour les croisées ordinaires $0^m,05$ d'épaisseur, sur $0^m,07$ à 0^m08 de largeur. Ces montants seront refeuillés, de manière à recevoir la noix pratiquée sur les battants du châssis à verre. La pièce d'appui et celle de l'imposte, si les croisées doivent en avoir, auront au moins $0^m,095$ sur $0^m,080$, et seront profilées au dehors d'un quart de rond, ayant un larmier par dessous. Ces pièces seront refeuillées, l'une de manière à reposer dans la feuillure de la croisée et à embrasser et recouvrir le ressaut ou jet-d'eau, l'autre de façon à recevoir le châssis à vitres, tant du bas que de l'imposte.

Les montants latéraux et traverses du haut des châssis à vitres auront $0^m,035$ à 0^m040 d'épaisseur, sur $0^m,07$ de largeur au moins; la traverse du bas, $0^m,09$ de hauteur, sur $0^m,08$ d'épaisseur; elle portera un jet-d'eau formé par une doucine saillante de $0^m,04$ au dehors de la croisée; elle aura un larmier en-dessous, battra contre la pièce d'appui et la recouvrira.

Les montants du milieu auront : l'un 0^m09 et l'autre $0^m,07$ de largeur au moins; ils entreront l'un dans l'autre à la gueule de loup; le montant évidé aura $0^m,05$ d'épaisseur, qui n'aura lieu que sur une partie de la largeur et figurera tringles; les petits bois auront $0^m,040$ sur $0^m,025$; ils seront assemblés à pointes de diamants, tant entre eux qu'avec les battants et traverses des châssis à verre, qui seront profilés de la même manière, soit à quart de rond, entre deux baguettes, soit à petits cadres élégis.

Tous les bois seront varlopés sur les faces apparentes.

Ces ouvrages seront payés au mètre carré d'un côté, les dimensions étant prises en dehors des dormants; les garnitures et pattes seront payées à part, pour fourniture seulement.

Dans le cas où les croisées seraient fermées avec des espagnolettes en bois, l'espagnolette sera comptée à part au mètre courant.

ART. 114.

Impostes cintrées.

Les impostes cintrées seront en bois de chêne, blanchi sur toutes les faces apparentes; l'épaisseur des montants et petits bois variera selon leur grandeur. Elles seront à rayons droits ou divisés par des cercles ou parties de cercle, suivant les dessins fournis.

Les impostes seront mesurées géométriquement, sans tenir compte des usages de la localité; dans les croisées et portes vitrées cintrées, les parties cintrées seront payées comme impostes cintrées et les parties carrées comme croisée ordinaire, au prix du bordereau.

Elles seront payées au mètre carré d'un côté, en tenant compte des épaisseurs de bois.

ART. 115.

Persiennes.

Les persiennes seront toutes en chêne; les bâtis des châssis volants seront composés de deux montants et, selon leur hauteur, de trois ou quatre traverses de 0m,10 à 0m,12 de largeur, sur 0m,04 d'épaisseur. Les châssis seront à recouvrement ou à gueule de loup, suivant les ordres. Les lames auront 0m,08 à 0m,10 de largeur, sur 0m,012 ou 0m,015 d'épaisseur, et seront espacées de 0m,06 à 0m,08, de manière à se recouvrir; elles seront fixées et assemblées dans des rainures pratiquées aux montants des bâtis.

Tous les bois seront blanchis sur leurs faces apparentes.

Les persiennes seront payées au mètre carré d'un côté, chaque persienne mesurée fermée et suivant l'étendue hors œuvre des deux volants.

ART. 116.

Châssis pour treillis de fil de fer.

Les châssis pour recevoir les treillis en fil de fer seront également en chêne de première qualité; les montants et traverses qui les formeront seront espacés suivant ce qui sera prescrit. Ces montants et traverses auront 0m,08 à 0m,11 de largeur, sur 0m,03 à 0m,04 d'épaisseur, suivant la grandeur des châssis.

Tous les bois seront assemblés à tenons et mortaises, et blanchis sur toutes les faces apparentes.

Cet ouvrage sera payé au mètre courant de traverses.

ART. 117.

Règle générale.

Tous les ouvrages de menuiserie seront exécutés suivant les règles de l'art; ainsi les montants, traverses, écharpes des bâtis, encadrements de portes, de volets, de châssis, de croisées, les fonds des portes et les planches des lambris seront toujours d'un seul morceau, dans les ouvrages neufs.

Lorsque plusieurs objets semblables de menuiserie devront être exécutés pour l'Établissement, l'Entrepreneur en fera confectionner un premier, qui servira de type pour les autres, après avoir été accepté par l'Ingénieur.

SECTION 9.

Ferronnerie et Serrurerie.

ART. 118.

Qualité des fers.

Les fers que l'on emploiera dans les ouvrages seront neufs, de la meilleure qualité, doux et nerveux, d'un grain fin et sans pailles, non rouverins ou cassant à chaud.

Il pourra être fait, aux risques et périls de l'Entrepreneur, des épreuves de résistance, à la presse hydraulique ou à tous autres appareils qui seront jugés nécessaires par la Marine.

Les fers devront pouvoir supporter alors, sans altération d'élasticité, douze kilog. de traction par millimètre carré de section, et ne se rompre que par une traction de 30 kilog. au moins par millimètre carré; si les résultats des épreuves sont favorables, il sera tenu compte, au besoin, à l'Entrepreneur des matériaux mis hors de service; dans le cas contraire, ils resteront à la charge de l'Entrepreneur.

ART. 119.

Distinction des ferrements.

On distinguera huit classes de ferrements, toutes payées au kilogramme : 1° barreaux de fenêtre, d'appui, de cheminée, etc., et généralement les ouvrages qui ne demandent d'autre travail que de couper le fer de longueur.

2° lisses de ponts, barres de seuils, barres de cheminées, arrondies ou coudées, barreaux de grilles et les ferrures qui, par leur travail, se rapprochent de celles-là et n'exigent pas que la pièce soit forgée en entier, mais seulement aux extrémités;

3° Gonds et pentures de barrières, grosses portes, traverses et montants de grilles, boulons à tête et à écrous de toute espèce, pivots, équerres, fléaux, et tous les ouvrages qui, par leur poids et leur travail, se rapprocheraient de ceux-là, tels qu'ouvrages ordinaires en fer à cornières;

4° Les ferrements spécifiés dans l'article précédent et dont le poids sera au-dessous de 2 k., les clous de 0m,22 et au-dessous, les pattes droites ou coudées de 0m15 et au-dessous;

5° Pentures de portes et de volets de 1 kilog. et au-dessous, crochets et attaches pour chénaux, tuyaux de descente et de couverture, petits verrous, tringles de fenêtres avec leurs pitons, cadres de portes de fourneau, pattes droites ou coudées de 0m,10 à 0m,14 et généralement les ferrures dont le poids est au-dessous de 1 kilog.;

6e Pentures à trèfle pour portes, boulonnets taraudés pour pentures de portes ou de barrières, les pièces proprement limées sur trois faces au moins, et généralement les ferrures qui, par leur sujétion, se rapprochent de celles-ci.

Les pièces à vis et à écrous seront mises dans la même classe que si les pièces qui les composent étaient pesées séparément, toutefois les boulons seront pesés, écrous compris.

7° On considèrera comme chaînes en fer à grosses mailles, celles dont le fer est au-dessus de 0m,010 de diamètre;

8° Les chaînes dont le fer est au-dessous de 0m,010 de grosseur seront considérées comme chaînes à petites mailles.

Tous ces ferrements seront travaillés et façonnés proprement, suivant les formes prescrites; ils seront fixés avec toute la précision et la solidité désirables.

La commission des recettes statuera sur le classement des ouvrages et objets en fer, après avoir entendu les observations de l'Entrepreneur.

ART. 120.

Fers déplacés et reforgés.

Les vieux fers qui seront jugés propres au service seront démolis, reforgés et remis en place, comme neufs; ils seront divisés en deux classes.

La première comprend les fers réparés ou reforgés dans la même forme; la seconde comprend les fers reforgés en changeant de forme, c'est-à-dire ceux qui seraient travaillés pour un emploi autre que celui qu'ils avaient d'abord.

Ces fers, pesés après leur réparation, seront payés au kilogramme, pose comprise, suivant les prix du bordereau.

Les clous et boulons nécessaires seront payés à part, comme fourniture seulement.

ART. 121.

Fers déplacés et simplement remis en place.

Les fers de démolition qui seront jugés pouvoir servir, sans avoir besoin d'être reforgés, seront démontés et remis en place avec soin par l'Entrepreneur.

Ce travail sera payé au kilog. de ferrements. S'il y a lieu d'employer des clous ou boulons neufs; ils seront payés à part, comme plus haut.

ART. 122.

Ouvrages en tôle.

La tôle employée pour portes de fourneaux, placages, etc., sera élastique, unie, sans trous, d'épaisseur uniforme, et devra se travailler parfaitement à chaud et à froid, suivant les circonstances.

Quand la tôle sera appliquée sur un bâtis en fer et que ce dernier ne fera pas le tiers du poids total, le tout sera payé comme tôle; autrement, le bâtis sera payé suivant la classe du fer dans laquelle il entrera.

Les rivets pour la tête seront toujours pesés avec elle et payés au même prix.

ART. 123.

Objets en fonte de fer.

On distinguera quatre classes de fonte :

1° Plaques et foyers de cheminées ou autres pièces coulées à découvert ;

2° Gargouilles et tuyaux en fonte qui se trouvent dans le commerce ;

3° Poêles, grilles de fourneaux, tuyaux de dimension que le commerce ne fournit pas et généralement les pièces moulées en terre ;

4° Roues dentées, ornements de rampes, grilles, etc.

Les objets en fonte devront être des dimensions prescrites, bien corrects, sans soufflures, ni autres défauts apparents et susceptibles d'être limés, burinés et taraudés ; la pose en sera toujours payée à l'estimation ou à la journée.

Les modèles en bois ou en métal seront au compte de l'Entrepreneur.

La commission des recettes statuera sur le classement des objets en fonte de fer, après avoir entendu les observations de l'Entrepreneur.

ART. 124.

Payements et pose de fers.

Les prix alloués, pour toute espèce de fers et de tôle, comprennent la mise en place, c'est-à-dire tout travail préalable, excepté les scellements qui seront payés à part, au prix du bordereau.

Ils seront payés au kilogramme et seront pesés avant leur mise en place et l'application des peintures.

Faute de se conformer à cette dernière prescription, l'Entrepreneur sera tenu de les faire enlever pour la pesée et de les faire reposer ensuite, le tout à ses frais.

Les clous, pointes, rivets, pattes-fiches et vis nécessaires seront pesés avec les ferrements et seront payés comme eux, au même prix du bordereau.

ART. 125.

Obligations de l'Entrepreneur.

L'Entrepreneur sera obligé de poser à ses frais tous les ferrements dans les charpentes et les menuiseries ; il fera dans les unes et les autres toutes les entailles nécessaires.

Tous les fers qui ne seront pas de bonne qualité et parfaitement conditionnés seront rebutés, et en cas de mal-façon, l'Entrepreneur sera tenu de rétablir et même changer l'ouvrage à ses frais.

ART. 126.

Conditions générales pour les objets de quincaillerie et de serrurerie.

Toutes les pièces de serrurerie seront de main de maitre, de la meilleure qualité, et en tout conformes aux modèles déposés dans la salle des échantillons de l'Établissement, notamment pour le demi-blanchiment, le blanchiment complet et le polissage.

Tout objet à la pièce dont la force ou le poids seront moindres, à un vingtième près que celui du modèle, sera rebuté sans tolérance. Les ferrures de portes, croisées, volets, persiennes seront fixées au moyen de boulons taraudés et écrous ou de vis à bois. Toutes ces fournitures, ainsi que la main-d'œuvre, sont comprises dans le prix du bordereau.

Si l'on demandait à l'Entrepreneur des objets non portés au bordereau, il sera payé de ces objets à l'estimation.

ART. 127.

Serrures.

Les serrures seront limées avec soin dans toutes leurs parties, notamment dans les ressorts dont le déclic devra être sec et sonore à la fermeture et qui devra résister à la main quand on repoussera le pêne. Les prix du bordereau comprennent les gâches, crampons, entrées, vis, boulons et clés; celles-ci seront à pannetons tourmentés et toutes différentes.

ART. 128.

Espagnolettes.

Les espagnolettes ordinaires seront en fer rond, de $0^m,016$ à $0^m,025$ de diamètre; elles seront travaillées avec soin, à poignée pleine; elles seront mesurées et payées, toutes pièces accessoires comprises, au mètre courant, la poignée comptant pour un tiers de mètre ou $0^m,33$.

Les espagnolettes crémones seront en fer rond ou demi-rond, avec bouton de fonte ou de cuivre, accessoires et ornements en fonte, noirs ou bronzés; elles seront payées à la pièce, par estimation.

ART. 129.

Clés et objets divers remplacés.

Les prix alloués pour remplacements de clés comprennent le démontage et la repose des serrures. Les prix prévus au bordereau, pour les différentes pièces à remplacer, comprennent la dépose de celles-ci et la mise en place des nouvelles, vis comprises.

ART. 130.

Scellements en plâtre et limaille ou ciment hydraulique.

Les scellements seront faits en plâtre et limaille de fer, dans la proportion d'une partie en volume de limaille et huit de plâtre. La limaille sera lavée avant l'emploi.

Les scellements seront payés à la pièce.

Quand l'Entrepreneur en recevra l'ordre, il remplacera le plâtre par du ciment hydraulique; dans ce cas, il lui sera alloué la plus-value prévue au bordereau.

ART. 131.

Scellements en plomb.

Pour les scellements en plomb, on tiendra compte à part : 1° de la façon du trou; 2° du poids du plomb (toute mise en œuvre comprise) employé pour lesdits scellements. Quand il sera nécessaire de mettre des cales en fer, elles seront pesées et payées à part, comme fer n° 1.

Le compte de la quantité de plomb employé se fera en le pesant avant et après l'emploi; un surveillant assistera toujours à tous les scellements pour faire remplir exactement toutes les conditions prescrites.

Descellements.

Il est bien entendu que les descellements se feront avec soin, sans casser l'objet à desceller, et que tous les trous seront rebouchés, soit au mortier, soit au plâtre.

Lorsqu'on descellera un objet pour le resceller dans le même trou, le descellement ne sera pas compté.

ART. 132.

Clous, vis, pointes.

Les clous de toute espèce, vis à bois et pointes seront du meilleur fer et aussi bien confectionnés que possible; ils entreront toujours dans le prix des objets pour lesquels ils seront employés.

ART. 133.

Ferrements et objets de quincaillerie et de tôle galvanisée.

La Marine pourra commander aux prix spéciaux du bordereau des objets en métaux galvanisés, notamment des clous, pointes et vis et notamment aussi des ouvrages en tôle galvanisée, pour couvertures, noues, arêtiers, chéneaux, tuyaux de l'épaisseur de 0^m,0005 et au-dessus. Quand les métaux ou objets commandés n'existeront pas dans le commerce et qu'on sera obligé de les faire galvaniser exprès, les prix portés au bordereau seront doublés (pour les fers travaillés et les tôles).

La galvanisation sera faite avec du zinc pur et neuf, sans mélange d'autres corps. Elle ne devra présenter aucune lacune à la loupe et sera inaltérable après quinze jours d'immersion sous l'eau saturée de sel marin, à la température de 20 degrés centigrades.

ART. 134.

Grillages en fil de fer.

Le fil de fer employé pour grillage devra être de première qualité. On se conformera pour les dimensions du fil de fer et de la maille aux commandes qui seront faites.

Le fil de fer sera galvanisé à moins d'ordres contraires.

Les grillages seront payés au mètre carré d'un côté, cadres et peintures non compris; la pose du grillage sur le cadre est comprise dans le prix du bordereau; les pattes et clous pour fixer le cadre seront payés à part.

ART. 135.

Règle générale pour tous les ouvrages de ferronnerie.

Tous les ouvrages en fer forgé, fers à cornières, fonte, tôle, seront exécutés avec précision, suivant les règles de l'art. Toute fraude pour masquer les défauts donnerait lieu, non-seulement à des rebuts, mais à une retenue, sur les créances ou le cautionnement de l'Entrepreneur, au moins quintuple de la valeur de l'objet défectueux.

Pour chaque catégorie d'objets semblables, de même dénomination, l'Entrepreneur présentera deux échantillons, qui devront être adoptés par l'Ingénieur chargé du service. L'un des échantillons restera entre ses mains jusqu'à la fin des travaux, afin d'être confronté avec les objets exécutés; l'autre sera rendu à l'Entrepreneur pour ses confections.

Pour les bâtis d'assemblage, tels que fermes et charpentes en métal, pour les ouvrages qui sont exposés à des pressions d'eau ou de gaz, l'Entrepreneur sera tenu, avant la pose à demeure, de faire dans ses chantiers le montage de l'un d'eux pour constater la résistance et la tenue du système, ainsi que celles de chacun de ses éléments, eu égard à la charge maximum à supporter.

L'Entrepreneur se soumettra, sans indemnité, à toutes les dispositions dont cet essai manifesterait la nécessité ; mais il lui sera tenu compte, au prix du bordereau, des objets déformés qui ne pourraient plus servir, à moins que les déformations et avaries ne proviennent de la mauvaise qualité des matières employées ou de vices d'exécution.

SECTION 10.

Cuivrerie, Plomberie, Pomperie, Ferblanterie, Poëlerie, etc.

ART. 136.

Cuivre.

Les cuivres, bronzes, laitons, pour ouvrages divers, tels que poulies, robinets et autres ouvrages analogues, seront de la meilleure qualité, sans crevasses, boursoufflures, écailles et sans superpositions de parties métalliques.

A moins d'ordres contraires, le bronze sera composé comme suit, sur les indications de l'Ingénieur :

90 parties de cuivre rouge au titre de 90 et 10 parties d'étain.
75 .. .. *id* . ... et 25 ... *id.*
90 .... *id* .... 8 d'étain et de zinc.

Le cuivre jaune ou de laiton sera formé de 72 parties de cuivre, 27 à 28 de zinc et 1 partie de plomb au plus.

Les dosages pourront être vérifiés par analyse chimique.

Les objets seront fondus avec soin, suivant les dessins, croquis ou échantillons fournis par la Marine ; bien tournés, s'il y a lieu, ou polis à la lime et essayés à leurs divers emplois.

L'Entrepreneur sera payé de ces divers métaux au kilogramme, fourniture et pose comprise.

Les feuilles de cuivre rouge, bronze ou laiton, qui seront demandées pour divers ouvrages, et notamment pour couvertures d'édifices, auront des épaisseurs qui pourront descendre jusqu'à 1/2 millim. et des surfaces qui pourront s'élever jusqu'à 3 mètres carrés, suivant les commandes.

L'Entrepreneur sera payé au kilog., pose comprise ; les soudures de cuivre, pointes, rivets, clous seront pesés avec les feuilles et payés au même prix.

Art. 137.

Plomb.

Le plomb laminé, soit en feuilles, soit pour tuyaux, sera de la meilleure qualité du commerce, bien épuré, uni et doux, ni graveleux, ni terreux, sans traces d'oxidation, exempt de toutes pailles, gerçures ou crevasses.

Les ouvrages en plomb pour couvertures, faîtages, noues, arêtiers, chéneaux, placages et autres ouvrages semblables, seront payés au kilog., compris toute main-d'œuvre, soudure ou clous zingués.

Art. 138.

Soudure.

La soudure sera composée de deux tiers de plomb et un tiers d'étain fin. Celle des ouvrages neufs ne sera jamais payée à part; elle sera payée avec les métaux auxquels elle sera employée, au prix du bordereau. Celle employée à des réparations sera payée au kilog. au prix de la soudure porté au bordereau.

La main-d'œuvre pour emploi sera payée à part.

Art. 139.

Zinc.

Le zinc sera pur, de la meilleure qualité que fournit le commerce, sans gerçures, ni soudures; il sera travaillé avec le plus grand soin.

Le zinc en feuilles devra être susceptible de s'enrouler, sans gerçures sur un mandrin de 0m,014 de diamètre.

Les ouvrages en zinc de toute espèce seront payés au kilogramme, sauf les exceptions mentionnées à l'article ci-dessous et quelle que soit l'épaisseur, coulisseaux, agrafes, clous zingués, soudure et pose comprise.

Art. 140.

Chéneaux, tuyaux de descente, etc.

Les chéneaux et tuyaux de descente seront en zinc n° 14 (pesant environ 6 kil. par mètre carré) et des dimensions prévues au bordereau. Ces ouvrages seront parfaitement soudés, ce que l'on constatera par l'épreuve de l'eau.

Ils seront posés suivant les pentes et niveaux prescrits.

Les crosses ou crochets seront en fer doux galvanisé, de 0m,035 de largeur, sur 0m,0035 d'épaisseur, jusqu'au-dessous de la gouttière, et diminuées ensuite au marteau jusqu'à l'extrémité. Elles seront espacées d'un demi-mètre pour les gouttières et de un mètre pour les tuyaux de descente.

L'extrémité des crosses pour chéneaux sera recourbée de 0m,03 dans la partie concave.

Les chéneaux, tuyaux de descente et les coulissaux et chapeaux pour châssis vitrés de comble, seront payés au mètre courant, pose comprise. Pour les chéneaux et tuyaux de descente, les crosses sont comprises dans les prix prévus au bordereau.

Art. 141.

Châssis vitrés dits à tabatière.

Les châssis à tabatière seront des dimensions prescrites, en zinc n° 14; ils seront exécutés avec beaucoup de soin, fermant hermétíquement et s'ouvrant avec une crémaillère en fer; autour du dormant règnera une barette de 0m,12, laquelle sera comprise dans le prix du châssis.

L'Entrepreneur sera payé des châssis au mètre courant, dormant et bâtis mesurés ensemble et ne comptant que pour un; pour avoir le développement, on mesurera le périmètre extérieur du châssis portant le verre.

Le verre sera payé à part, au prix du bordereau.

ART. 142.

Garantie des ouvrages.

L'Entrepreneur garantira tous les ouvrages ci-dessus pendant un an, et devra pendant ce laps de temps refaire les soudures dans les parties défectueuses où cette opération sera nécessaire.

ART. 143.

Vieux plomb ou vieux zinc.

Le vieux plomb et le vieux zinc dans le cas d'être réemployés seront redressés et fixés comme les neufs; la main-d'œuvre sera réglée par estimation, soudures comprises.

ART. 144.

Poëlerie.

Les tuyaux de poële seront en tôle fine du Berri, de première qualité, de 0m,0008 d'épaisseur, ils auront 0m,12 de diamètre, à moins qu'ils ne soient commandés d'une autre dimension; ils seront noircis proprement à la mine de plomb et au vinaigre. L'Entrepreneur en sera payé au kilogramme, pose comprise.

Les coudes en tôle, de même qualité que ci-dessus, auront le même diamètre que les tuyaux et 0m,40 de développement mesurés sur les plus longs côtés. Ils seront payés à la pièce.

L'Entrepreneur sera tenu de fournir, quand il en recevra l'ordre, des ouvrages de poëlerie, en tôle galvanisée, tels que tuyaux de poële T, gueules de loup, champignons, etc.; il en sera payé au kilog., pose comprise.

ART. 145.

Obligations générales.

Pour tous les ouvrages en zinc, en plomb, en tôle et en cuivre, l'Entrepreneur devra, pour leur pose, s'échafauder à ses frais; il ne lui sera fourni ni échafaudage, ni appareil quelconque.

ART. 146.

Démontage et remontage de tuyaux de poële.

Quand l'Entrepreneur en recevra l'ordre, il démontera avec soin les tuyaux de poële, les numérotera et les transportera dans les magasins de l'Établissement. Il sera aussi tenu, avant l'hiver, de remonter les mêmes tuyaux avec soin; il les prendra dans les magasins où ils auront été déposés.

Il sera payé de cette main-d'œuvre au mètre courant de tuyaux démontés ou remontés, suivant le cas, au prix porté au bordereau.

SECTION 11.

Peinture et Tapissage.

Art. 147.

Couleurs et autres matières.

Les couleurs seront de première qualité, sans chaux ni baryte; le bleu de Prusse, sans amidon ; le noir, les différentes ocres, le vert-de-gris ; en un mot, toutes les matières qui figurent aux éléments de la peinture, seront les meilleures qu'on trouve dans le commerce.

Art. 148.

Huiles et essences.

Les couleurs seront broyées à la molette et détrempées à l'huile de lin, pour les couleurs foncées ; à l'huile de noix ou d'œillette, pour les couleurs claires. L'essence sera bien pure et sans mauvaise odeur ; il n'en sera pas employé pour les ouvrages du dehors. Pour les ouvrages intérieurs, on coupera les deuxième et troisième couches avec un huitième d'essence et plus au besoin, s'il s'agit de bois durs. Les teintes à appliquer sur les fers seront détrempées, pour les peintures extérieures, avec trois quarts d'huile de lin et un quart d'huile grasse épurée, et pour les peintures intérieures, au vernis.

Le vernis sera préparé à l'alcool avec la résine sandaraque.

Art. 149.

Siccatifs.

Lorsqu'il sera nécessaire d'accélérer la dessiccation, on devra introduire des siccatifs dans l'huile, à raison de 30 grammes de litharge par kilog. de couleur sombre et 3 à 4 grammes de sulfate de zinc (vitriole blanc) par kilog. de couleur claire, ou bien une petite quantité d'huile grasse épurée, suivant les règles de l'art.

Art. 150.

Ouvrages en préparation.

Les sujets à peindre seront grattés, lavés et préparés convenablement ; les trous et joints bien rebouchés, les nœuds encollés ; ce travail ne sera point payé à part sur ouvrages neufs ; il ne le sera sur ouvrages vieux que suivant ce qui aura été prescrit à l'avance.

Les grattages de vieilles peintures en détrempe seront faits en grande eau et bien épongés.

Les lessivages sur vieilles peintures à l'huile seront faits à l'eau seconde pure, si l'on veut enlever la peinture ancienne, et à l'eau seconde coupée, s'il ne s'agit que de dégraisser et raviver l'ancienne peinture.

Les rebouchages se feront suivant ce qui sera prescrit.

Dans chaque cas, avant de peindre les bois de sapin, les nœuds seront passés à l'essence pure et à l'eau forte, les trous bouchés avec le mastic. Les fournitures et main-d'œuvre, pour ce travail, sont comprises dans le prix des peintures.

ART. 151.

Peintures diverses à l'huile.

Pour les couleurs gris de lin, gris perle, on commencera par appliquer une couche de céruse ou blanc de zinc, broyée et détrempée à l'huile de noix pure. Les couches suivantes seront détrempées à la même huile et un huitième d'essence; on y mêlera un peu de bleu de Prusse ou du noir léger.

La couleur vert d'eau aura pour base la céruse ou le blanc de zinc et le vert-de-gris.

La peinture vert-olive, noir, jaune, rouge, sera faite avec du noir et de l'ocre.

Les couches de peintures seront appliquées par un beau temps et à des intervalles convenables pour une complète dessiccation; la première couche devra bien pénétrer le bois et masquer complétement la teinte naturelle de la surface, la seconde sera assez épaisse pour bien couvrir.

ART. 152.

Peintures en détrempe.

Les peintures en détrempe seront faites avec des couleurs qui auront pour bases, la craie, les diverses ocres et le noir de charbon; elles seront bien broyées à la molette et étendues d'eau, encollées et préparées avec une dissolution d'alun.

Avant l'application de la première couche, les surfaces seront grattées, brossées et toutes les parties grasses assainies. On préparera ensuite les sujets à peindre au moyen d'une couche d'encollage, à la colle de peau et de blanc; cette couche sera aussi chaude que possible, sans cependant être bouillante; on appliquera ensuite les couches de teinte.

L'encollage ne comptera pas comme couche; il est compris dans le paiement des couches de teinte.

ART. 153.

Badigeon en détrempe.

Le badigeon sera formé en ajoutant à dix litres de chaux éteinte cinq litres de sciure de pierres, avec la quantité d'ocre nécessaire pour obtenir le ton désiré; le tout sera détrempé dans dix litres d'eau où l'on jettera cinq hectogrammes d'alun.

ART. 154.

Détrempe pour carrelage d'appartement.

Les carreaux seront nettoyés, grattés et lavés; ensuite on donnera une couche très-chaude de gros rouge infusé dans de l'eau bouillante, où l'on aura fait fondre de la colle; on étendra ensuite une seconde couche à froid de rouge de Prusse, broyé à l'huile de lin et détrempé à la même huile, dans laquelle on aura mis un peu de litharge. Enfin, on fera fondre de la colle dans l'eau bouillante, et après avoir retiré le vase du feu, on y jettera du rouge de Prusse, qu'on y laissera infuser et qu'on mêlera bien avec la brosse. Lorsque la couleur aura déposé, on l'emploiera tiède pour la troisième couche.

Enfin, la troisième couche étant sèche, on frottera le carreau avec de la cire. (Payé au mètre carré.)

ART. 155.

Encaustique pour parquet.

Les parquets seront, quand il sera ordonné, recouverts d'une ou plusieurs couches d'encaustique, cirés et frottés.

L'encaustique sera composé d'une partie d'eau, une de cire jaune pesées à poids égal, un quart de savon et un douzième de sous-carbonate de potasse; il sera fait et employé, suivant les règles de l'art. Cet ouvrage sera payé au mètre carré. S'il se trouve des parquets dont il faille détruire l'encaustique, l'Entrepreneur exécutera ce travail et en sera payé au mètre carré, au prix du bordereau.

ART. 156.

Obligations de l'Entrepreneur.

Toutes les peintures, sans exception, qui dans le cours de l'année de l'achèvement auraient éprouvé une altération due à la mal-façon ou à la mauvaise qualité des ingrédients seront rechargées au compte de l'Entrepreneur.

L'Entrepreneur sera tenu d'admettre dans son laboratoire un Agent qui examinera les matières employées par le peintre et qui assistera à la préparation des couleurs.

ART. 157.

Métré.

Les peintures à l'huile seront payées au mètre carré, suivant l'espèce et le nombre de couches, d'après les règles suivantes et sans usages :

1° Pour les lambris et les revêtements, on prendra la surface effective sans tenir compte de moulures, cymaises, etc.

2° Pour les portes pleines et contrevents, on prendra la hauteur et la largeur, châssis, dormants compris, sans développer les barres ou écharpes. Le produit de ces deux dimensions sera compté une ou deux fois, suivant que les portes ou contre-vents seront peints sur une ou deux faces.

3° Pour les croisées à grands carreaux, la peinture des deux faces sera comptée pour une seule face mesurée, dormants compris; on prendra une face et demie pour les croisées à petits carreaux.

4° Les persiennes et jalousies seront comptées à trois faces pour deux.

5° Les treillis en fil de fer et caillebotis en bois, peints de tous côtés, seront payés comme pleins sur une seule face, mesurés bâtis compris.

6° Les peintures noires ou galvaniques pour métaux seront mesurées géométriquement et payées au mètre carré.

7° Les cadres d'un ton différent du fond seront payés au mètre carré, comme ton en réchampissage, à raison d'un quart en sus de la couche du fond.

8° Les menues ferrures peintes en noir détrempé au vernis gras, seront payées à la pièce ; il en sera de même des lettres, des chiffres et des numéros de logement.

9° Les filets simples pour imitation de panneaux, les filets doubles et les vignettes pour bordure, seront payés au mètre courant.

10° Les lessivages à l'eau seconde seront payés au mètre carré, en suivant les mêmes règles que pour les peintures.

11° Les peintures en détrempe seront payées au mètre carré, tous vides déduits.

12° Le mastic pour rebouchage sera payé au kilogramme, main-d'œuvre comprise.

Art. 158.

Tapissage.

Le tapissage sera fait en papier de tenture sur murs, enduits en plâtre, bien secs ; si les murs sont vieux, ils seront grattés et époussetés avec soin, avant la pose du papier. Cet ouvrage sera payé au mètre carré, bordure comprise.

Le choix des papiers sera fait sur des échantillons fournis par l'Entrepreneur ; mais en cas de non convenance des échantillons, l'Administration pourra en faire choix, au prix du bordereau, chez tel marchand résidant à Nantes, qu'il conviendra, et l'Entrepreneur sera obligé de fournir le papier demandé.

Les papiers devront être appliqués de manière que les dessins des deux rouleaux contigus coïncident parfaitement. La colle sera de bonne farine, fraîche et d'une épaisseur suffisante pour bien coller.

L'Entrepreneur sera obligé de recoller, à ses frais, les papiers décollés pendant l'année qui suivra l'ouvrage.

Si l'on devait employer des papiers d'un prix supérieur à ceux portés au bordereau, l'Entrepreneur en sera payé par estimation.

SECTION 12.

Vitrerie.

Art. 159.

Mastic.

Le mastic de vitrier sera composé de neuf dixièmes de craie et d'un dixième de céruse, de litharge et d'huile de lin, le tout bien battu et réduit en pâte.

Le mastic à la céruse se composera de céruse et d'huile ; le mastic au minium de céruse broyé et de minium en poudre; une partie de minium en poudre et une partie de céruse délayée.

Les mastics seront payés au kilogramme.

ART. 160.

Qualité du verre.

Tous les verres proviendront des meilleures fabriques de France et seront conformes aux échantillons déposés à l'usine d'Indret.

Ils seront de premier choix, bien blancs, droits, sans bouillons, soufflures ni autres défauts. Les verres de Bohême seront polis ou dépolis, suivant les commandes.

Les verres ondulés ou cannelés seront polis ou dépolis, suivant les commandes, et auront une épaisseur minimum de $0^{m},002$.

Le verre simple aura au moins un millimètre et demi d'épaisseur dans toutes ses parties et le verre double au moins trois millimètres.

ART. 161.

Verre neuf mis en œuvre.

Les carreaux seront coupés justes, suivant les places qu'ils devront occuper; ils seront retenus dans les feuillures par un nombre suffisant de pointes et bien garnis de mastic.

Ils seront payés au mètre carré effectif d'un côté, toutes fournitures comprises.

Le prix du verre neuf simple, mis en place, différera, suivant qu'on le posera à des croisées neuves, ou en remplacement de vieux carreaux. Le prix du verre double ne variera pas, quelle que soit sa destination.

ART. 162.

Verre fourni par l'État.

Les carreaux provenant d'anciennes croisées ou d'anciens châssis de comble, qui devront être replacés, seront enlevés, retaillés et reposés par l'Entrepreneur, qui en sera payé au mètre carré.

ART. 163.

Remasticage.

Les remasticages sur place (démasticage compris) seront payés au mètre courant.

Toute cassure provenant de la négligence des ouvriers sera à la charge de l'Entrepreneur.

ART. 164.

Nettoyage de carreaux.

Le nettoyage des vieux carreaux sera payé à la pièce, quelle que soit la dimension des carreaux.

SECTION 13.

Ouvrages divers.

ART. 165.

Plantations d'arbres.

L'Entrepreneur sera tenu de faire les plantations d'arbres qui seront jugées nécessaires.

Les arbres devront avoir de 0m,16 à 0m,20 de circonférence, mesurés à 1m,20 au-dessus des racines et au moins 3 mètres de hauteur.

L'Entrepreneur sera payé par pied d'arbres (plantation, tuteur et épines compris).

Il sera tenu pendant un an (comprenant un hiver entier) à l'entretien et au remplacement au besoin.

Art. 166.

Calfatage, brayage et goudronnage.

Le calfatage sera fait avec de bonnes étoupes, bien sèches, bien serrées et encastrées jusqu'au refus du maillet; les coutures seront brayées le plus chaud possible, pour être ensuite goudronnées s'il y a lieu. Dans ce cas, la première couche sera appliquée bouillante, sur le bois, après qu'il aura été bien frotté et chauffé; la deuxième couche ne sera appliquée que quand la première sera bien sèche.

Le calfatage sera payé au mètre courant et le goudronnage au mètre carré.

Art. 167.

Cordages.

Les cordes, cordeaux et ficelles seront en chanvre de première qualité, sans aucun mélange d'étoupe. L'Entrepreneur en sera payé au kilogramme.

Art. 168.

Ramonage.

Les cheminées, suivant les ordres, seront ramonées à la raclette ou à l'aide de cordes et de fagots d'épines.

L'Entrepreneur fera aussi le ramonage des tuyaux de poëles et de cheminées à la prussienne; il sera payé à la pièce pour les cheminées et au mètre courant pour les tuyaux. Ce dernier prix comprend la dépose et la repose des tuyaux.

Quand on abandonnera à l'Entrepreneur la suie provenant du ramonage des cheminées, il lui sera fait une retenue d'un quart sur le prix porté au bordereau.

Les dégâts occasionnés par ce travail seront à la charge de l'Entrepreneur.

L'Entrepreneur subira sur ses créances ou sur son cautionnement une retenue de 75 fr., toutes les fois que le feu se sera produit dans une cheminée sujette au ramonage, lors même qu'elle aurait été ramonée à l'époque ordinaire.

Art. 169.

Réparations de chaises, etc.

Les réparations de chaises, fauteuils et tabourets s'exécuteront avec le plus grand soin, soit qu'il s'agisse de rempaillage, soit qu'il s'agisse de remplacement de pieds, barreaux, montants ou dossiers.

Les pièces en remplacement devront être toujours semblables à celles qui existent déjà au meuble en réparation.

L'Entrepreneur sera payé de ces divers ouvrages à la pièce pour fourniture et pose.

Indret, le 2 Novembre 1858.

Le Sous-Ingénieur de la Marine, chargé des travaux hydrauliques,
FONTAINE.

Vu : Le Sous-Directeur,
Ch. MOLL.

Vu : accepté et proposé à l'approbation du Ministre,

En séance à Indret, le 3 Novembre 1858, l'Inspecteur-Adjoint présent.

Les Membres du Conseil,

PROUZAT, *Secrétaire*, J[les] PLAUZOLES, D'INGLER, Ch. MOLL, BABRON.

Approuvé :

Paris, le 10 Novembre 1858,

L'Amiral,
Ministre de la Marine,
HAMELIN.

BORDEREAU DES PRIX.

ÉTABLISSEMENT D'INDRET.

MARINE IMPÉRIALE.

BORDEREAU DES PRIX.

Nos D'ORDRE.	NOMENCLATURE.	ESPÈCE DES UNITÉS.	PRIX DE BASE. F. C.
	SECTION 1re.		
	Journées d'ouvriers *(y compris tout supplément pour fournitures, transport et entretien d'outils, ustensiles et apparaux, ainsi que pour avances de fonds et autres faux frais).*		
1	Appareilleur et contre-maître	Journée.	5 »
2	Terrassier et fort manœuvre	—	2 20
3	Manœuvre ordinaire	—	2 »
4	Carrier, mineur, rocteur	—	3 »
5	Maçon de 1re classe	—	3 60
6	*Idem* de 2e classe	—	3 20
7	Tailleur de pierres tendres	—	4 »
8	Tailleur de pierres dures	—	4 50
9	Plâtrier	—	4 40
10	Paveur	—	3 50
11	Charpentier de 1re classe	—	3 70
12	*Idem* de 2e classe	—	3 30
13	Scieur de long de 1re classe	—	3 60
14	*Idem* de 2e classe	—	3 20
15	Couvreur de 1re classe	—	3 60
16	*Idem* de 2e classe	—	3 20
17	Menuisier de 1re classe	—	3 80
18	*Idem* de 2e classe	—	3 40

N°s D'ORDRE.	NOMENCLATURE.	ESPÈCE DES UNITÉS.	PRIX DE BASE. F. C.
19	Serrurier, forgeron, ajusteur de 1re classe...........	Journée.	3 70
20	Serrurier, forgeron, ajusteur de 2e classe..............	—	3 30
21	Plombier, ferblantier, poêlier, fumiste de 1re classe.........	—	3 80
22	Plombier, ferblantier, poêlier, fumiste de 2e classe..........	—	3 40
23	Peintre décorateur..............................	—	5 »
24	Peintre et vitrier ordinaire..........................	—	3 60
25	Tapissier de 1re classe............................	—	5 »
26	Apprenti-ouvrier d'art de toute espèce................	—	1 50
	PLUS-VALUES POUR JOURNÉES D'OUVRIERS.		
27	Pour travail de jour dans l'eau.......... 1/4 en sus....	Journée.	
28	Pour travail de nuit.................. 1/4 en sus......	—	
29	Pour travail de nuit dans l'eau........ 1/2 en sus......	—	
	Journées de chevaux et de voitures.		
30	Voiture de toute sorte à un cheval, avec conducteur........	Journée.	6 20
31	Voiture de toute sorte à deux chevaux, avec conducteur....	—	10 »
32	Voiture attelée de deux bœufs, avec son conducteur........	—	9 »
33	Cheval équipé ou harnaché.........................	—	3 80
	A DÉDUIRE :		
34	1° Pour voiture à un cheval, fournie par la Marine.........	Journée.	0 70
35	2° Pour voiture à deux chevaux, fournie par la Marine.....	—	0 90
	SECTION 2.		
	Terrassements.		
	FOUILLES A CIEL OUVERT.		
	(Les déblais chargés en brouettes ou jetés à une distance moindre que 2 mètres horizontalement, ou que 1 mètre 60 centimètres verticalement.)		
36	Terre végétale, terre franche ou sable..................	Mètre cube de déblais.	0 25
37	Terre glaise et vase..............................	—	0 50

Nos D'ORDRE.	NOMENCLATURE.	ESPÈCE DES UNITÉS.	PRIX DE BASE. F. C.
38	Terre dure et pierreuse, ou roche friable................	Mètre cube de déblais.	0 65
39	Roche tendre ou tuf abattu au pic et à la pince............	—	0 80
40	Déblais quelconques remaniés.........................	—	0 15
	Jet à la pelle de 2 à 4 mètres horizontalement, ou à 1 mètre 60 centimètres verticalement, ou chargement en camions ou tombereaux ou brouettes.		
41	Terre végétale, terre franche ou sable..................	Mètre cube de déblais.	0 20
42	Terre dure et pierreuse, terre glaise et tuf.............	—	0 25
43	Vase humide et forte................................	—	0 30
	ROCTAGES.		
44	Roc vif de dureté ordinaire extrait au pic, aux coins et à la pince	Mètre cube de déblais.	1 35
45	Le même extrait à la mine............................	—	2 50
46	Roc vif de grande dureté extrait à la mine..............	—	3 20
47	Diminution au prix de l'article n° 45, quand la poudre sera fournie par la Marine..............................	—	0 50
48	Diminution au prix de l'article n° 46, quand la poudre sera fournie par la Marine.............................	—	0 70
49	Quartiers de rocs débités en moëllons et emmétrés.........	Mètre cube d'emmétrage.	0 70
50	Emmétrage de moëllons................................	—	0 30
51	Moëllons ou pierrailles chargés dans une brouette.........	—	0 25
52	Moëllons ou pierrailles déposés sur une berge de 1^{m} 60 de hauteur, ou chargés dans un tombereau ou camion	—	0 30
53	Redressement et repiquement à la pointe de surface de roc dur devant former parement.......................	Mètre carré de parement vu.	2 20
	Mouvements de déblais et matériaux.		
	MOUVEMENTS A LA BROUETTE, AU PANIER, AU BOURRIQUET.		
	1° A la brouette à la distance d'un relai (30 mètres en plaine ou 20 mètres en rampe au douzième).		
54	Terre végétale, terre franche et sable......................	Mètre cube de déblais ou poids de 1700 kilog.	0 15
55	Terre dure et pierreuse, terre glaise et tuf	—	0 20
56	Vase forte	—	0 25
57	Plus-value à ajouter aux prix des n°s 54, 55 et 56, quand le terrain sera assez mou pour exiger des planches de roulage.	—	0 02

N°s D'ORDRE.	NOMENCLATURE.	ESPÈCE DES UNITÉS.	PRIX DE BASE. F. C.
	2° Au panier :		
58	Toute espèce de terre élevée à un relai (1^m 60) au moyen de paniers..	Mètre cube de déblais ou poids de 1700 kilog.	0 25
	NOTA. *Le premier relai comptera double pour tenir compte du déchargement du panier.*		
59	Toute espèce de terre élevée à deux relais (3^m 20) dans des paniers en montant une échelle......................	—	0 40
60	Augmentation au prix de l'article n° 59 pour chaque relai en sus des deux premiers..............................	—	0 10
	3° Au bourriquet :		
61	Toute espèce de terre élevée à trois relais (4^m 80) au moyen d'un bourriquet à manivelle..........................	—	0 70
62	Augmentation au prix de l'article n° 61 pour chaque relai en sus des trois premiers..............................	—	0 10
	MOUVEMENTS PAR CAMIONS ET TOMBEREAUX.		
63	Déblais de toute nature transportés par un camion à trois relais de 30 mètres en plaine (90^m) et de 20 mètres en rampe au douzième (60^m)...........................	Mètre cube de déblais ou poids de 1700 kilog.	0 40
64	Augmentation au prix du n° 63 pour chaque relai en sus des trois premiers..	—	0 05
65	Déblais de toute nature transportés dans un tombereau à la distance de quatre relais de 30 mètres en plaine (120^m) et de 20 mètres en rampe au douzième (80^m)................	—	0 50
66	Plus-value pour relais supplémentaires, de 30 mètres en plaine, et de 20 mètres en rampe au douzième, pour transport de toute nature..............................	—	0 03
	RÉGALAGE, DAMAGE ET TALUTAGE.		
67	Régalage de déblais de toute nature........................	Mètre cube de remblais.	0 06
68	Damage soigné de remblais par couche de 0^m 20 d'épaisseur.	Mètre cube après damage.	0 25
69	Dressage de talus de terre en remblais......................	Mètre carré de talus dressés	0 08
70	Dressage de talus de terre en déblais......................	—	0 05
71	Ensemencement de graine de foin sur talus et remblais (*y compris la fourniture de la graine*)........................	Mètre carré.	0 05
	PLUS-VALUE POUR TERRASSEMENTS DE TOUTE ESPÈCE.		
72	Plus-value pour feuilles non asséchées (10 p. °/₀) un dixième en sus...	Mètre cube de déblais.	

Nos D'ORDRE.	NOMENCLATURE.	ESPÈCE DES UNITÉS.	PRIX DE BASE.
			F. C.
	SECTION 3.		
	Maçonnerie.		
	DÉMOLITION DE MAÇONNERIES.		
73	Démolition à tranchée ouverte de murs en maçonnerie de moëllons et mortier ordinaire, y compris le triage, la mise de côté et l'emmétrage des produits.....	Mètre cube de maçonnerie démolie.	1 40
74	Démolition de même maçonnerie en mortier très-résistant...	—	2 20
75	Démolition pour percement de baies de maçonneries en moëllons et mortier ordinaire (tout compris comme à l'article n° 73)..	—	2 30
76	Démolition de même maçonnerie en mortier très-résistant..	—	3 30
77	Démolition pour écorchement de murs de maçonnerie de moëllons en mortier ordinaire (tout compris comme à l'article n° 73)..	—	3 30
78	Même démolition le mortier très-résistant................	—	4 50
79	Démolition de maçonnerie en pierre de taille, avec triage, mise de côté et emmétrage des produits	—	5 »
80	Démolition de maçonnerie en briques, les briques susceptibles de servir, bien nettoyées et empilées............ .	Le millier de briques démolies susceptibles de servir.	4 70
	MATIÈRES RENDUES A PIED-D'ŒUVRE *(y compris emmétrage et mesurage).*		
81	Moëllons ordinaires en schiste...........................	Mètre cube d'emmétrage.	3 50
82	Moëllons de choix en schiste, propres à smiller............	—	6 »
83	Granit dur concassé pour béton ou chaussées.............	Mètre cube de mesurage.	6 50
84	Libages en schiste dits palâtres, de 0m 12 à 0m 15 d'épaisseur, de 1m 50 de longueur et de 0m 60 de largeur et au-dessus.	Mètre cube massif.	26 »
85	Moëllons piqués en granit, de 0m 20 de hauteur d'assise et au-dessous...	—	30 »
86	Pierres de taille de granit, dégrossies conformément aux panneaux d'appareil au-dessous de 0m3 200............	—	65 »
87	Les mêmes de 0m3 200 et au-dessus......................	—	80 »
88	Pierres de taille de Crazanne ou de Saint-Savinien, en blocs, au-dessous de 0m3 200..............................	—	50 »
89	Les mêmes en blocs au-dessus de 0m3 200.................	—	63 »
90	Tuffeaux gris ordinaire.................................	—	16 60

Nos D'ORDRE.	NOMENCLATURE.	ESPÈCE DES UNITÉS.	PRIX DE BASE. F. C.
91	Tuffeaux blancs, ordinaires ou gabariers	Mètre cube massif.	21 »
92	Tuffeaux d'échantillons de dimensions plus grandes que les précédents	—	35 »
93	Tuffeaux gris ordinaires	La pièce.	0 35
94	Tuffeaux blancs ordinaires	—	0 50
95	Tuffeaux blancs gabariés	—	0 80
96	Chaux vive grasse, de Montjean ou de Chalonnes	Mètre cube de mesurage.	23 »
97	Chaux grasse, de Montjean ou de Chalonnes, éteinte, en pâte	—	17 »
98	Chaux hydraulique, de Doué ou d'Echoisy, éteinte, en poudre	—	28 »
99	Sable de Loire	—	2 30
100	Argile ou terre grasse	—	4 40
101	Briques simples d'Angers dites billotins	Le millier.	27 »
102	Briques doubles d'Angers dites gros billots	—	50 »
103	Briques tubulaires	—	60 »
104	Bourre grise	Kilogramme.	0 20
105	Bourre blanche	—	0 40
106	Ciment de Vassy, de Pouilly, ciment Médina, ciment de Portland	Quintal métrique.	110 »
107	Dalles de granit très-dur de 0m 10 à 0m 14 d'épaisseur	Mètre carré de parement vu	10 40
108	Dalles en pierres ardoisines de 0m 33 de côté, taillées sur la surface et sciées sur les joints, de 0m 05 d'épaisseur	—	6 40
109	Dalles en pierres blanches de Tonnerre, de 0m 33 de côté, sciées sur la surface et sur les joints, de 0m 05 d'épaisseur	—	7 »
110	Dalles ou libages en schiste dits palâtres, de 0m 12 à 0m 15 d'épaisseur, de 0m 60 de largeur, et de 0m 60 à 1m 20 de longueur	—	3 50
111	Les mêmes de 0m 15 à 0m 18 d'épaisseur, de 0m 60 à 1m de largeur, et de 1m 20 à 2m de longueur	—	5 »
112	Carreaux en terre cuite des environs d'Angers, de 0m 16 de côté, et de 0m 025 à 0m 030 d'épaisseur	Le millier.	27 »
113	Les mêmes de 0m 22 de côté et 0m 07 d'épaisseur pour four	Le cent.	25 »
114	Carreaux hexagones estampés des tuileries de Tours, de 0m 07 de côté, et de 0m 025 d'épaisseur	Le millier.	70 »
115	Carreaux carrés en faïence vernissés, de 0m 11 de côté, et 0m 01 d'épaisseur	Le cent.	12 »
116	Carreaux en marbre noir, de 0m 10 de côté, et 0m 05 d'épaisseur	—	35 »
117	Carreaux réfractaires, de 0m 50 sur 0m 60, et 0m 06 d'épaisseur, pour foyer de cheminée	La pièce.	1 »
118	Bitume artificiel composé de 25 p. °/o de brai de goudron minéral et de 75 p. °/o de carbonate de chaux	Kilogramme.	0 13

N° D'ORDRE.	NOMENCLATURE.	ESPÈCE DES UNITÉS.	PRIX DE BASE. F. C.
119	Mastic asphaltique de Pyremond, Seyssel ou du Val-de-Travers, contenant 15 p. °/₀ de goudron minéral, et 5 p. °/₀ de bitume de Bastennes (Landes)......................	Kilogramme.	0 18
	MORTIERS DIVERS RENDUS A PIED-D'ŒUVRE.		
120	Mortier d'argile..	Mètre cube.	6 50
121	Mortier ordinaire 1/3 de chaux grasse en pâte et 2/3 de sable..	—	11 »
122	Mortier hydraulique composé de 2/5 de chaux de Doué ou d'Echoisy, éteinte en poudre, et 3/5 de sable.........	—	20 »
	ENROCHEMENTS. *(Matières et main-d'œuvre réunies)*		
123	Moëllons schisteux jetés dans l'eau pour former enrochement	Mètre cube d'emmétrage.	3 75
124	Libages en schiste dits palâtres, jetés dans l'eau pour former enrochement..	Mètre cube massif.	26 70
	DRAGUAGES.		
125	Draguage de terre, sable ou vase avec transport et déchargement à 2500 mètres de distance, quelle que soit la profondeur..	Mètre cube massif de déblais.	1 90
126	Draguage par tonneau de 1000 kilogrammes (déduction faite de l'eau)...	1000 kilogram.	1 10
127	Pour les terrains rocailleux, il sera ajouté une plus-value au n° 125 par mètre cube massif de déblais.............	Mètre cube massif de déblais.	0 60
128	Au n° 126 par tonneau de 1000 kilogrammes (déduction faite de l'eau)...	1000 kilogram.	0 35
129	Quand il s'agira de digues, perrés ou épis à enlever, la plus-value sera pour le n° 125, par mètre cube massif de déblais..	Mètre cube massif de déblais.	1 70
130	Pour le n° 126, par 1000 kilog^{es} (déduction faite de l'eau)...	1000 kilogram.	1 »
131	Plus-value aux n°s 125, 127 et 129, pour chaque distance de 100 mètres, parcourue en sus des 2500 mètres...........	Mètre cube massif de déblais.	0 05
132	Plus-value aux n°s 126, 128 et 130, par chaque distance de 100 mètres, parcourue en sus des 2500 mètres..........	1000 kilogram.	0 03
	MAÇONNERIE EN BÉTON. *(Matières et main-d'œuvre réunies.)*		
133	Maçonnerie en béton, composée de 1/3 de mortier hydraulique et 2/3 de granit concassé........................	Mètre cube de maçonnerie exécutée.	17 »

N° D'ORDRE.	NOMENCLATURE.	ESPÈCE DES UNITÉS.	PRIX DE BASE.
			c.
134	Plus-value au n° 133, pour échafaudage, plate-forme, trémis, etc., quand le béton sera employé en rivière............	Mètre cube de maçonnerie exécutée.	1 20
	MAÇONNERIE EN MOËLLONS ET LIBAGES. *(Matières et main-d'œuvre réunies.)*		
135	Maçonnerie en moëllons ordinaires à pierres sèches pour murs de soutènement et massifs.....................	Mètre cube de maçonnerie exécutée.	6 »
136	Même maçonnerie pour perrés, compris parement vu......	—	7 65
137	Maçonnerie en moëllons ordinaires et mortier ordinaire pour massif et fondation au-dessus de 1m 20 d'épaisseur.......	—	8 50
138	Même maçonnerie qu'au n° 137 pour fondation au-dessous de 1m 20 d'épaisseur............................	—	10 »
139	Même maçonnerie qu'au n° 137 pour murs en élévation, quelle que soit l'épaisseur, compris parements vus.......	—	12 50
140	Maçonnerie en moëllons ordinaires et mortier hydraulique pour massifs et fondations au-dessus de 1m 20 d'épaisseur.	—	12 »
141	Même maçonnerie qu'au n° 140, pour fondation au-dessous de 1m 20 d'épaisseur................................	—	13 60
142	Même maçonnerie qu'au n° 140, pour murs en élévation, quelle que soit l'épaisseur, compris parements vus.......	—	15 »
143	Diminution aux nos 135, 136, 137, 138, 139, 140, 141 et 142, quand les moëllons seront fournis par l'État............	—	3 85
144	Augmentation au nos 139 et 142, quand on emploiera des moëllons de choix proprement smillés et d'assises réglées, compris jointoiement en mortier hydraulique...........	Mètre carré de parement vu.	4 »
145	Maçonnerie de libages en schiste dits palâtres, de 0m 12 à 0m 15 d'épaisseur, de 1m 50 de longueur et de 0m 60 de largeur et au-dessus, et mortier ordinaire, pour fondations, radiers, couvertures d'égouts, etc................	Mètre cube de maçonnerie exécutée.	30 »
146	Même maçonnerie en mortier hydraulique............	—	31 »
147	Diminution aux nos 145 et 146, quand les palâtres seront fournis par l'État..................................	—	22 »
148	Maçonnerie en moëllons piqués de granit, de 0m 20 de hauteur d'assise et au-dessous, et mortier ordinaire. (La taille payée à part.).............................	—	36 »
149	Même maçonnerie en mortier hydraulique................	—	37 »
150	Diminution aux nos 148 et 149, quand les moëllons seront fournis par l'État...................................	—	30 »
151	Plus-value aux nos 148 et 149, pour taille de moëllons piqués pour murs droits..................................	Mètre carré de parement vu.	6 »
152	Plus-value aux mêmes nos 148 et 149, pour murs courbes...	—	7 »

Nos D'ORDRE.	NOMENCLATURE.	ESPÈCE DES UNITÉS.	PRIX DE BASE. F. C.
153	Plus-value pour maçonnerie en reprise, en moëllons ordinaires et moëllons de choix, un cinquième du prix des nos 139, 142, et 144, *un cinquième.* NOTA. *Quand les moëllons piqués seront fournis par l'État, taillés, il n'y aura pas lieu à l'application des plus-values portées au nos 151 et 152.*		
	MAÇONNERIES EN PIERRES DE TAILLE. *(Matières et main-d'œuvre réunies, non compris taille des parements vus.)*		
154	Maçonnerie en pierres de taille de granit au-dessous de 0m3 200 et mortier ordinaire	Mètre cube de maçonnerie exécutée.	75 »
155	Même maçonnerie en mortier hydraulique	—	76 »
156	Diminution aux articles nos 154 et 155, quand les pierres seront fournies par l'État *(y compris déchets)*	—	70 »
157	Maçonnerie en pierres de taille de granit, de 0m3 200 et au-dessus, et mortier ordinaire	—	90 »
158	Même maçonnerie, avec mortier hydraulique	—	91 50
159	Diminution aux articles nos 157 et 158, quand les pierres seront fournies par l'État *(y compris déchets)*	—	88 »
160	Maçonnerie en pierres de taille de Crazanne ou de Saint-Savinien, au-dessous de 0m3 200, et mortier ordinaire	—	65 »
161	Même maçonnerie avec mortier hydraulique	—	66 »
162	Diminution aux articles nos 160 et 161, quand les pierres seront fournies par l'État *(y compris déchets)*	—	55 »
163	Maçonnerie en pierres de taille de Crazanne ou de Saint-Savinien, de 0m3 200 et au-dessus, et mortier ordinaire	—	73 »
164	Même maçonnerie avec mortier hydraulique	—	74 »
165	Diminution aux articles nos 163 et 164, quand les pierres seront fournies par l'État *(y compris déchets)*	—	68 »
166	Maçonnerie en tuffeaux gris et mortier ordinaire	—	27 »
167	Maçonnerie en tuffeaux blancs ordinaires ou gabariers et mortier ordinaire	—	30 »
168	Maçonnerie de tuffeaux d'échantillon et mortier ordinaire	—	40 »
169	Maçonnerie de toute espèce de tuffeaux et mortier ordinaire, quand les pierres seront fournies par l'État	—	8 »
170	Parpaing en tuffeaux gris et mortier ordinaire, la taille des parements et les ragréments compris	Mètre carré d'un côté.	7 35
171	Même maçonnerie, les pierres fournies par l'État	—	3 80
172	Parpaing en tuffeaux blancs et mortier ordinaire, la taille des parements et les ragréments compris	—	9 »
173	Même maçonnerie, les pierres fournies par l'État	—	4 »

Nos D'ORDRE.	NOMENCLATURE.	ESPÈCE DES UNITÉS.	PRIX DE BASE.
			F. C.
174	Tuffeaux gris employés dans la maçonnerie de moëllons, non compris la taille	La pièce.	0 50
175	Tuffeaux blancs ordinaires *idem*	—	0 70
176	Tuffeaux gabariers *idem*	—	1 20
	MAÇONNERIE EN BRIQUES. *(Matières et main-d'œuvre réunies.)*		
177	Maçonnerie en briques simples ou doubles d'Angers, et mortier d'argile, y compris parements vus	Mètre cube de maçonnerie exécutée.	38 30
178	Même maçonnerie avec mortier ordinaire	—	40 »
179	*Idem* avec mortier hydraulique	—	42 »
180	Augmentation aux nos 177, 178 et 179, quand on emploiera des briques tubulaires	—	10 »
181	Diminution aux nos 177, 178 et 179, quand les briques avec leurs déchets seront fournies par l'État	—	30 »
182	Augmentation aux prix de toutes les espèces de maçonneries en moëllons et briques ordinaires ou tubulaires pour des cheminées isolées *(y compris échafaudages)*	—	15 »
	PLUS-VALUES POUR TOUTES LES ESPÈCES DE MAÇONNERIES DE VOUTES, LES CINTRES PAYÉS A PART.		
183	1° Pour toutes les espèces de maçonneries en moëllons schisteux et briques	Mètre cube de maçonnerie exécutée.	1 60
184	2° Pour toutes les maçonneries en pierres de taille et moëllons piqués d'appareil	—	3 80
	PLUS-VALUES POUR LES MAÇONNERIES EXÉCUTÉES EN LOIRE, EN CONTREBAS DU NIVEAU DES HAUTES MERS DE VIVE EAU.		
185	1° Pour les maçonneries en moëllons ordinaires et moëllons de choix, *un cinquième*	Mètre cube de maçonnerie exécutée.	
186	2° Pour les maçonneries en pierres de taille et moëllons piqués, *un huitième*	—	
	OBJETS DIVERS. *(Fourniture et main-d'œuvre réunies.)*		
187	Pierre à filtrer, moyenne, mise en place	La pièce.	2 »
188	*Idem* grande *idem*	—	3 »
189	Plaque en marbre gris, brun ou noir, pour foyer de cheminée, pose comprise	Mètre carré de dessus.	20 »
190	Le même marbre pour cheminée, avec chapiteaux et embases avec pilastres	Mètre carré de surface.	26 »
191	Evier en ciment romain dit granit factice, pose comprise	Mètre carré d'un côté.	21 »

Nos D'ORDRE.	NOMENCLATURE.	ESPÈCE DES UNITÉS.	PRIX DE BASE. F. C.
	TAILLE DE PIERRES *(payée à part).*		
	1° GRANIT :		
192	Parement vu de piquage, soigné, avec ciselures de pierres de granit pour surfaces planes	Mètre carré de parement vu.	7 60
193	Le même, pour surfaces courbes	—	9 »
194	Parement vu de taille fine de pierres de granit, à un ou plusieurs parements, pour surfaces planes	—	11 50
195	Le même, pour surfaces courbes et douelles	—	15 »
196	Le même, pour moulures, corniches, refouillement et taille de grande sujétion	—	20 60
197	Les parements vus de vieilles pierres de taille de granit, tous les anciens parements retaillés sur une épaisseur de 0m 02 au plus, se paieront, suivant le cas, moitié d'un des prix nos 194 et 195	—	
198	Evidement fait dans la pierre de granit pour évier et autres ouvrages analogues	Mètre cube d'évidement.	120 »
199	Rainure pratiquée dans la pierre de granit, de 0m 03 de largeur et de 0m 05 à 0m 06 de profondeur	Mètre courant.	2 60
	2° SAINT-SAVINIEN OU CRAZANNE.		
200	Parement vu de taille de pierres de Saint-Savinien ou de Crazanne, à un ou plusieurs parements	Mètre carré de parement vu.	3 50
201	Le même, pour surfaces courbes	—	4 50
202	*Idem* pour corniches et moulures	—	8 »
203	Les parements vus de vieilles pierres retaillées, sur 0m 02 d'épaisseur au plus, se paieront, suivant le cas, moitié de l'un des prix nos 200, 201 et 202	—	
204	Ragrément sur vieux murs de parements vus de Crazanne ou de Saint-Savinien, sans ouvrages de décors	—	1 50
205	Le même, sur ouvrages de décors, tels que corniches et moulures	—	3 20
	3° TUFFEAUX *(quand la taille devra être payée à part).*		
206	Parement vu de taille de tuffeaux, faces planes	—	2 »
207	*Idem* faces courbes et douelles	—	2 60
208	*Idem* pour corniches et moulures	—	4 60
209	Ragrément de vieux murs en tuffeaux, sans ouvrages de décors	—	1 20
210	*Idem* avec ouvrages de décors, tels que corniches et moulures	—	2 50
	NOTA. *Les jointoiements et ragréments de tous les parements vus des pierres de taille sont compris dans le prix de la taille, ainsi que le rifflage et le badigeonnage des joints des pierres tendres.*		

N° D'ORDRE.	NOMENCLATURE.	ESPÈCE DES UNITÉS.	PRIX DE BASE.
			F. C.
	JOINTOIEMENTS. *(Matières et main-d'œuvre réunies.)*		
211	Jointoiements en mortier ordinaire, sur murs en pierres sèches	Mètre carré de surface jointoyée.	0 45
212	*Idem* en mortier hydraulique, sur murs en pierres sèches	—	0 65
213	*Idem* en mortier ordinaire, sur murs en moëllons et mortier	—	0 40
214	*Idem* en mortier hydraulique, sur murs en moëllons et mortier	—	0 55
215	*Idem* en mortier de ciment hydraulique (une partie de ciment et une partie de sable), sur murs en moëllons et mortier	—	0 90
216	*Idem* en mortier hydraulique sur maçonnerie de briques	—	0 55
217	*Idem* en mortier de ciment hydraulique sur maçonnerie de briques	—	1 »
218	*Idem* en mortier hydraulique pour maçonnerie en moëllons de choix	—	0 45
219	*Idem* en mortier de ciment hydraulique pour maçonnerie en moëllons de choix	—	0 85
220	*Idem* en mortier hydraulique pour maçonnerie en pierres de taille de granit	—	0 40
221	*Idem* en mortier de ciment hydraulique pour maçonnerie en pierres de taille de granit	—	0 70
222	Augmentation aux prix de tous les jointoiements, quand ils seront faits sur vieux murs *(la plus-value comprenant le nettoyage et piquage au vif des anciens joints)*	—	0 10
	CRÉPIS, ENDUITS, BLANCHISSAGES, RENFORMIS ET GARNITURE DE CHASSIS DE CROISÉES. *(Matières et main-d'œuvre réunies.)*		
223	Crépis ou enduits en mortier ordinaire sur murs neufs, à deux couches	Mètre carré de surface crépie ou enduite.	0 60
224	Les mêmes, en mortier hydraulique	—	0 70
225	*Idem* en mortier de ciment hydraulique *(une partie de sable et une partie de ciment)*	—	2 20
226	Plus-value aux n°s 223, 224 et 225, quand les crépis ou enduits seront faits sur vieux murs, la plus-value comprenant le piquage au vif des joints, etc	—	0 15

N°s D'ORDRE.	NOMENCLATURE.	ESPÈCE DES UNITÉS.	PRIX DE BASE. F. C.
227	Blanchissage de murs au lait de chaux, grattage et nettoyage compris, première couche	Mètre carré de surface blanchie.	0 05
228	Chaque couche en sus de la précédente	—	0 02
229	Blanchissage au lait de chaux ocré, à une couche, tout compris	—	0 06
230	Chaque couche subséquente	—	0 03
231	Garniture de châssis, dormant de porte, de croisée ou d'imposte, en mortier hydraulique avec bourre	Mètre courant.	0 20
232	Renformis de 0m 15 d'épaisseur, en moëllons ordinaires et mortier ordinaire	Mètre carré de renformis.	2 60
233	Le même, avec mortier hydraulique	—	3 »
234	Plus-value ou moins-value aux prix nos 232 et 233, pour 0m 05 d'épaisseur en plus ou en moins — un quart	—	
235	Diminution aux nos 232 et 233 pour moëllons fournis par l'État	—	0 55
	NOTA. *Les démolitions et remplissages dans la maçonnerie en moëllons pour scellement de pièces de bois ou de gros fer seront comptés comme renformis.*		
	DALLAGES Y COMPRIS TAILLE ET JOINTOIEMENTS EN MORTIER HYDRAULIQUE. *(Matières et main-d'œuvre réunies.)*		
236	Dalles en granit dur de 0m 10 à 0m 14 d'épaisseur, posées en mortier ordinaire	Mètre carré de parement vu.	12 30
237	Les mêmes, posées en mortier hydraulique	—	13 »
238	Diminution aux nos 236 et 237, quand les dalles seront fournies toutes taillées par l'État	—	11 »
239	Diminution aux nos 236 et 237, quand les dalles fournies par l'État seront retaillées par les soins de l'Entrepreneur	—	5 80
240	Dalles en pierres ardoisines, de 0m 33 de côté et 0m 05 d'épaisseur, posées en mortier ordinaire	—	8 »
241	Même dallage, les dalles fournies par l'État	—	1 15
242	Dalles en pierres blanches de Tonnerre, de 0m 33 de côté, posées en mortier ordinaire	—	8 65
243	Même dallage, les dalles fournies par l'État	—	1 15
244	Dalles en schiste, dits palâtres, de 0m 12 à 0m 15 d'épaisseur, de 0m 60 de largeur et de 1m 20 de longueur, posées en mortier ordinaire, pour libages, pavés, radiers, couvertures d'égoûts, etc.	—	5 75
245	Mêmes dalles, posées en mortier hydraulique	—	6 35
246	Diminution aux nos 244 et 245, quand les dalles seront fournies par l'État	—	4 30

Nos D'ORDRE.	NOMENCLATURE.	ESPÈCE DES UNITÉS.	PRIX DE BASE.
			F. C.
247	Augmentation aux nos 244 et 245, quand les dalles auront de 0m 15 à 0m 18 d'épaisseur, de 0m 60 à 1m de largeur et de 1m 20 à 2m de longueur	Mètre carré de parement vu.	1 80
248	Démolition de dallage, y compris l'enlèvement des décombres et le rangement des matériaux	—	0 30
	CARRELAGES. *(Matières et main-d'œuvre réunies.)*		
249	Carrelages en carreaux ordinaires, de terre cuite, de 0m 16 de côté et mortier ordinaire	Mètre carré de parement vu.	2 10
250	Le même, en mortier hydraulique	—	2 30
251	Diminution aux nos 249 et 250, quand les carreaux seront fournis par l'État	—	1 »
252	Augmentation aux nos 249 et 250, quand on emploiera des carreaux hexagones de Tours, dits estampés	—	1 80
253	Même carrelage qu'au no 252, les carreaux fournis par l'État.	—	1 »
254	Carrelage pour four, en carreaux, de 0m 22 de côté et 0m 07 d'épaisseur, posés en mortier d'argile	—	6 70
255	Diminution au no 254, quand les carreaux seront fournis par l'État	—	5 35
256	Démolition de carrelage, nettoyage des carreaux et enlèvement des décombres compris	—	0 20
257	Carreaux ordinaires ou hexagones posés en recherche, quel que soit le mortier employé	La pièce.	0 15
	TROTTOIRS, REVÊTEMENTS DE MURS ET JOINTOIEMENTS EN MORTIER D'ASPHALTE. *(Matières et main-d'œuvre réunis.)*		
258	Dallage en asphalte de Pyremond, de Seyssel ou du Val-de-Travers, pour chapes de voûtes, trottoirs, etc., surfaces planes ou courbes, y compris frais de sujétion, de 0m 012 à 0m 015 d'épr, mais non compris l'aire en beton au-dessous.	Mètre carré.	6 35
259	Le même, compris l'aire en beton, de 0m 10 d'épaisseur	—	8 25
260	Augmentation aux nos 258 et 259 pour chaque millimètre d'épaisseur en plus	—	0 45
261	Revêtements de parements de murs, plans ou courbes, en mortier d'asphalte, de 0m 01 d'épaisseur, contenu par des murettes de carreaux ou de briques payées à part, y compris les rejointoiements de ces carreaux ou briques	—	4 10
262	Rejointoiements en mortier d'asphalte, de surfaces planes ou		

N°s D'ORDRE.	NOMENCLATURE.	ESPÈCE DES UNITÉS.	PRIX DE BASE.
			F. C.
	courbes, horizontales ou inclinées au-dessous de 45°, en moëllons bruts	Mètre courant de joint.	0 55
263	Les mêmes, pour surfaces inclinées au-dessus de 45° en moëllons bruts	—	0 65
264	Les mêmes, pour surfaces horizontales ou inclinées au-dessous de 45°, de pierres de taille ou de dalle	Mètre carré de surface rejointoiée.	0 45
265	Les mêmes, surfaces inclinées, au-dessus de 45°, ou verticales	—	0 55
266	Les prix ci-dessus seront diminués d'un tiers dans le cas de réemploi des matières d'anciens ouvrages d'asphalte — *un tiers.*		
	SECTION 4.		
	PLATRERIE ET BLANCHISSAGE AU BLANC DE MEUDON. *(Eléments rendus à pied-d'œuvre.)*		
267	Plâtre gris tamisé	Kilogramme.	0 07
268	*Idem* blanc tamisé	—	0 08
269	Lattes en chêne, de 1m 35 de longueur, pour plafond	Le cent.	3 70
270	Briques doubles d'Angers, dites plâtrières, de 0m 24 de longueur, 0m 12 de largeur et 0m 033 d'épaisseur	Le millier.	30 »
271	Colle de Flandre, sèche	Kilogramme.	1 60
272	Craie blanche ou blanc de Meudon	—	0 15
273	Noir de fumée	—	1 35
274	Pierre noire en poudre	—	0 15
	OUVRAGES EN PLATRE ET BLANCHISSAGE AU BLANC DE MEUDON. *(Matières et main-d'œuvre réunies.)*		
275	Cloison en briques doubles d'Angers, posées de champ, hourdée en plâtre gris, sans enduit	Mètre carré d'un côté.	1 80
276	Même cloison, avec enduit des deux côtés	—	2 65
277	Somme à ajouter aux nos 276 et 279, quand les enduits seront faits en plâtre blanc	—	0 30
278	Cloison en briques, dites gros billots, hourdée en plâtre gris, sans enduit	—	2 35
279	La même, avec enduit en plâtre gris des deux côtés	—	3 20
280	Plafond en plâtre blanc, à deux couches sur lattis neuf	—	2 60

N°s D'ORDRE.	NOMENCLATURE.	ESPÈCE DES UNITÉS.	PRIX DE BASE.
			F. C.
281	Diminution au n° 280, quand le plafond sera refait sur vieux lattis, compris la démolition des vieux plâtres..........	Mètre carré d'un côté.	0 90
282	Enduit en plâtre blanc pour réparation de vieux plafonds, repiquage compris..................................	—	0 75
283	Enduit en plâtre gris sur vieilles cloisons et vieux murs de moëllons ou de briques..............................	—	0 70
284	Même enduit, avec une seconde couche en plâtre..........	—	1 10
285	Corniches, rosaces et moulures en plâtre blanc...........	Mètre courant par centimètre de profil développé.	0 07
286	Crevasse de plafond, hachée et bouchée, en plâtre blanc....	Mètre courant.	0 08
287	*Idem* de cloison *idem* *idem*........	—	0 06
288	Foyer complet de cheminée à la Rumfort, en briques réfractaires, tablier et chenets compris........................	La pièce.	12 »
289	Le même, moins le tablier.............................	—	10 »
290	*Idem* *idem* et les chenets.................	—	8 »
291	Chaque brique réfractaire de grandes dimensions (0m 50 sur 0m 60), pour exhaussement de foyer, sera payée, pose comprise...	—	1 10
292	Chaque brique de mêmes dimensions pour foyer de cheminée en remplacement..	—	1 20
293	Rideau de cheminée en tôle, avec cadre en cuivre et moulures ordinaires, compris le foyer, forme à la prussienne.......	—	28 »
294	Cadre sans rideau, en cuivre, à moulures ordinaires........	—	7 »
295	Tasseau en plâtre blanc, de 0m 02 de saillie, pour étagère...	Mètre courant.	0 60
296	Blanchissage de plafond au blanc de Meudon, première couche..	Mètre carré.	0 08
297	Chaque couche en sus de la première......................	—	0 04
	Nota. *Quand on ajoutera au blanchissage de la colle, du noir de fumée, etc., les prix ne changeront pas, seulement ces matières seront payées à part pour fourniture.*		

SECTION 5.

PAVAGE ET EMPIERREMENTS.

(Eléments rendus à pied-d'œuvre.)

N°s D'ORDRE.	NOMENCLATURE.	ESPÈCE DES UNITÉS.	PRIX DE BASE.
298	Pavés de granit bleu, de 1er échantillon, de 0m 18 à 0m 20 de côté et de 0m 26 de queue, des carrières de Miséry ou de la Conterie...	Le cent.	20 »
299	Mêmes pavés, de 2e échantillon, de 0m 15 à 0m 18 de côté et de 0m 23 de queue......................................	—	18 »
300	Granit ou cailloux cassés................................	Mètre cube de mesurage.	6 50

Nos D'ORDRE.	NOMENCLATURE.	ESPÈCE DES UNITÉS.	PRIX DE BASE. F. C.
	PAVAGE ET EMPIERREMENTS. *(Matières et main-d'œuvre réunies.)*		
301	Pavés de granit, de 1er ou 2e échantillon, posés sur forme neuve de sable. de 0m 30 d'épaisseur.............	Mètre carré.	6 25
302	Pavés de tout échantillon, retaillés et relevés sur forme neuve de sable, y compris la démolition des vieux pavés........	—	1 85
303	Les mêmes, retaillés et posés sur demi-forme neuve de sable, y compris la démolition des vieux pavés................	—	1 55
304	Les mêmes, sur ancienne forme de sable, y compris la démolition des vieux pavés..................................	—	1 »
305	Diminution aux articles 302, 303 et 304, quand les pavés ne seront pas retaillés..................................	—	0 35
306	Augmentation aux articles 301, 302, 303 et 304, quand les pavés seront posés à bain de mortier hydraulique et soigneusement jointoyés..................................	—	2 25
307	Empierrement de chaussée à la Mac-Adam, en granit ou cailloux cassés, pour chaque couche de 0m 08 d'épaisseur, cylindrage compris..................................	—	0 75
308	Diminution au prix du no 307, quand les pierres seront fournies par l'État..................................	—	0 50
309	Diminution au no 307, quand les pierres fournies par l'État ne seront pas cassées..................................	—	0 20
	Nota. *Dans les prix ci-dessus de pavage, le déblai pour la forme n'est compris que pour les ouvrages neufs.*		
	SECTION 6.		
	CHARPENTE. *(Eléments rendus à pied-d'œuvre.)*		
	1° Bois de Chêne.		
310	Bois de chêne en grume, de 0m 20 à 0m 30 de diamètre, de 6m de longueur et au-dessous..................................	Stère.	80 »
311	Le même, au-dessus de 0m 30 de diamètre et de 6 à 9m de longueur..................................	—	90 »
312	Bois de chêne grossièrement équarri, au-dessous de 0m 32 d'équarrissage, de 6m de longueur et au-dessous.........	—	102 »

Nos D'ORDRE.	NOMENCLATURE.	ESPÈCE DES UNITÉS.	PRIX DE BASE. F. C.
313	Le même, de 6m à 9m de longueur	Stère.	114 »
314	Le même, de 0m 32 d'équarrissage et au-dessus et de 6m de longueur et au-dessous	—	125 »
315	Le même qu'au n° 314, mais au-dessus de 6m de longueur. .	—	140 »
316	Bois de chêne équarri à vive arête, au-dessous de 0m 32 d'équarrissage et de 6m de longueur et au-dessous	—	115 »
317	Le même, au-dessus de 6m de longueur	—	136 »
318	Le même, au-dessus de 0m 32 d'équarrissage et de 6m de longueur et au-dessous	—	127 »
319	Le même équarrissage qu'au n° 318, mais au-dessus de 6m de longueur	—	150 »
320	Bois de chêne de sciage, de 2 ans d'emmagasinement, de 0m 16 d'équarrissage et au-dessous	—	133 »
	2° Bois de Sapin.		
321	Bois de sapin rouge du Nord, de Riga, de toute longueur, à vive-arête, de 0m 27 d'équarrissage et au-dessous	—	94 »
322	Le même, au-dessus de 0m 27 d'équarrissage	—	106 »
323	Bois de sapin rouge du Nord, de Dantzick, de toute longueur, à vive-arête, de 0m 27 d'équarrissage et au-dessous.	—	74 »
324	Le même, au-dessus de 0m 27 d'équarrissage	—	82 »
325	Bois de sapin rouge du Nord, de sciage, de 2 ans d'emmagasinement, de 0m 16 d'équarrissage et au-dessous	—	80 »
326	Bois de sapin blanc de Norwège, de toute longueur, à vive-arête, de 0m 22 d'équarrissage et au-dessous	—	60 »
327	Madriers en sapin rouge du Nord, de Riga, de 3m à 7m de longueur, de 0m 28 de largeur et de 0m 08 à 0m 10 d'épaisseur	—	100 »
	CHARPENTES PROVISOIRES *(pour fourniture, confection et pose, clous, pointes, rivets et vis en fer de 0m 10 de longueur et au-dessous étant compris).*		
328	Charpente provisoire en bois équarri, sans assemblage, pour étançons, cintres, etc., le bois restant à l'Entrepreneur *(fourniture, montage, pose et dépose comprises)*	Stère œuvré.	35 60
329	La même réemployée, pour montage, pose et dépose seulement	—	6 »
330	Charpente provisoire en bois équarri, avec assemblage pour étançons, cintres, etc., le bois restant à l'Entrepreneur *(fourniture, montage, pose et dépose comprises)*	—	42 30
331	La même réemployée, pour montage, pose et dépose seulement	—	10 »

N^os^ D'ORDRE.	NOMENCLATURE.	ESPÈCE DES UNITÉS.	PRIX DE BASE. F. C.
332	Diminution ou augmentation aux prix des n°s 328, 329, 330 et 331, quand les bois resteront en place, plus ou moins d'une campagne entière de huit mois, pour chaque mois en plus ou en moins — *un cinquième*	Stère œuvré.	
	CHARPENTES DÉFINITIVES EN BOIS NEUFS (*matières et main-d'œuvre réunies, y compris sciage; — pour fourniture, confection et pose, y compris clous, rivets, pointes et vis à bois de 0m 10 de longueur et au-dessous*).		
333	Bois de chêne en grume, de 0m 20 à 0m 30 de diamètre, de 6m de longueur et au-dessous, employé pour pilots prêts à battre	Stère œuvré.	92 »
334	Le même, de 6m à 9m de longueur	—	104 »
335	Bois de chêne grossièrement ébauché, de 0m 32 d'équarrissage et au-dessous, et de 6m de longueur et au-dessous, employé pour pilots prêts à battre	—	114 »
336	Le même bois, de 6m à 9m de longueur	—	124 »
337	Plus-value aux n°s 333, 334, 335 et 336, pour pilots entés..	—	5 »
338	Bois de chêne grossièrement ébauché, au-dessous de 0m 32 d'équarrissage et de 6m à 9m de longueur, employé pour grillages et moises	—	122 »
339	Plus-value aux articles des n°s 338 et 343, quand le grillage ou le moisage s'effectuera en rivière, en contre-bas du niveau des basses mers ordinaires, de morte-eau	—	15 »
340	Bois de chêne parfaitement équarri à la hache ou à la scie, employé pour palplanches prêtes à battre, de 0m 10 à 0m 12 d'épaisseur	—	146 »
341	Bois de sapin rouge du Nord, de Dantzick, ou de hêtre, de 0m 27 d'équarrissage et au-dessous et de toute longueur, employé pour pilots prêts à battre.	—	84 »
342	Même bois au-dessus de 0m 27 d'équarrissage...............	—	92 »
343	Même bois qu'au n° 342, employé pour moises ou grillages de fondation	—	98 »
344	Même bois qu'au n° 341, débité à la scie et employé pour palplanches, de 0m 10 à 0m 12 d'épaisseur, prêtes à battre....	—	91 »
345	Battage de pilots de 0m 27 d'équarrissage et au-dessous, quelle que soit la nature du bois, pour chaque mètre de fiche dans la terre, le gravier, le sable ou la vase.............	Mètre courant de pilots enfoncés.	7 »
346	Même battage pour pilots au-dessus de 0m 27 d'équarrissage.	—	9 »
347	Battage de palplanches de 0m 10 à 0m 12 d'épaisseur, de 0m 20 à 0m 27 de largeur, pour chaque mètre de fiche dans la terre, le gravier, le sable ou la vase	Mètre courant de palplanches enfoncées.	2 »

Nos D'ORDRE.	NOMENCLATURE.	ESPÈCE DES UNITÉS.	PRIX DE BASE. F. C.
348	Diminution aux nos 345, 346 et 347, quand les travaux s'exécuteront à terre ou sur plate-forme fixe — *un tiers*.......		
349	Charpente en bois de chêne équarri à vive-arête et refait sur toutes les faces, sans assemblage, de 0m 32 d'équarrissage et au-dessous et de 6m de longueur et au-dessous..... ...	Stère œuvré.	133 »
350	Même charpente avec assemblage..........................	—	143 »
351	Augmentation aux nos 349 et 350, quand les bois auront de 6m à 9m de longueur..........	—	21 »
352	Charpente en bois de chêne, équarri à vive-arête et refait sur toutes les faces, sans assemblage au-dessus de 0m 32 d'équarrissage et de 6m de longueur et au-dessous..........	—	145 »
353	Même charpente avec assemblage....	—	155 »
354	Augmentation aux nos 352 et 353, quand les bois auront plus de 6m de longueur..................	—	21 »
355	Charpente en chêne de sciage, de 0m 10 à 0m 16 d'équarrissage, sans assemblage, blanchie et dressée au rabot sur toutes les faces.	—	157 »
356	Même charpente avec assemblage.........................	—	169 »
357	Augmentation au no 355, quand les bois auront moins de 0m 10 d'équarrissage..	—	7 »
358	Augmentation au no 356, quand les bois auront moins de 0m 10 d'équarrissage..	—	11 »
359	Charpente en sapin rouge du Nord, de Dantzik, à vive-arête, les bois refaits sur toutes les faces, sans assemblage et de 0m 27 d'équarrissage et au-dessous........................	—	87 »
360	Même charpente avec assemblage...........................	—	95 50
361	Plus-value aux nos 359 et 360, quand on emploiera du sapin rouge de Riga...	—	20 »
362	Charpente en bois de sapin rouge du Nord, de Dantzick, à vive-arête, les bois refaits sur toutes les faces, sans assemblage au-dessus de 0m 27 d'équarrissage...............	—	95 »
363	Même charpente avec assemblage..........................	—	104 »
364	Plus-value aux nos 362 et 363, quand on emploiera du sapin rouge de Riga...	—	24 »
365	Diminution aux nos 359, 360, 362 et 363, quand les bois seront employés sans être refaits sur les faces.................	—	7 50
366	Charpente en sapin blanc de Norwège, de 0m 22 d'équarrissage et au-dessous, à vive-arête, sans assemblage, les bois non refaits sur les faces..................................	—	73 »
367	La même charpente avec assemblage.....................	—	81 50
368	Charpente en bois de sciage, de sapin rouge du Nord, de 2 ans d'emmagasinement, de 0m 16 d'équarrissage et au-dessous, blanchie et dressée au rabot, sur toutes les faces, sans assemblage...	—	97 »

Nos D'ORDRE.	NOMENCLATURE.	ESPÈCE DES UNITÉS.	PRIX DE BASE. F. C.
369	Même charpente avec assemblage........................	Stère œuvré.	108 »
370	Charpente en planches de sapin rouge du Nord, de Dantzick, de 0m 033 à 0m 060 d'épaisseur, de 0m 20 à 0m 30 de largeur, avec assemblage..................................	—	100 »
371	Charpente de toute espèce, démontée avec précaution, non compris le transport des bois en magasin..............	Stère.	6 »
372	Transport de toute espèce de bois, d'un chantier quelconque de l'île au magasin, y compris le chargement et le déchargement..	—	1 50
	CHARPENTES EN BOIS FOURNIS PAR LA MARINE *(y compris sciage; — pour transport, confection et pose, les déchets étant remis à la Marine, clous, pointes, rivets et vis en fer, de 0m 10 de longueur et au-dessous, étant compris.*		
373	Bois de chêne, employé pour pilots prêts à battre.........	Stère œuvré.	8 »
374	Bois de sapin *idem*	—	7 »
375	Bois de chêne, employé pour moises et grillages de fondation.	—	12 »
376	Bois de sapin *idem*	—	10 »
377	Bois de chêne, employé pour palplanches prêtes à battre....	—	13 »
378	Bois de sapin *idem*	—	10 50
379	Plus-value aux nos 375 et 376, quand les moises ou grillages seront posés en rivière, en contre-bas du niveau des basses mers ordinaires de morte-eau..........................	—	15 »
380	Charpente en chêne, sans assemblage, les bois refaits à la hache sur toutes les faces..............................	—	16 »
381	Même charpente avec assemblage..........................	—	26 »
382	Charpente en sapin, sans assemblage, les bois refaits sur toutes les faces...	—	13 »
383	Même charpente avec assemblage..........................	—	22 »
384	Charpente en bois de chêne, de 0m 16 d'équarrissage et au-dessous, les bois débités à la scie, travaillés et dressés au rabot avec feuillures, sans assemblage	—	24 »
385	Même charpente avec assemblage..........................	—	36 »
386	Même charpente qu'au n° 384, mais en bois de sapin........	—	20 »
387	*Idem* n° 385 *idem*	—	30 »
	BLANCHIMENT DES BOIS *(lorsqu'il devra être payé à part, ou fait sur place).*		
388	Blanchiment de bois de chêne	Mètre carré de surface blanchie.	0 60
389	*Idem* de bois en essence de sapin..................	—	0 40

N^os D'ORDRE.	NOMENCLATURE.	ESPÈCE DES UNITÉS.	PRIX DE BASE.
			F. C.
	SCIAGE DES BOIS *(lorsqu'il devra être payé à part).*		
390	Trait de scie, de bois de chêne neuf et autres bois durs......	Mètre carré de trait de scie.	0 80
391	*Idem* *idem* vieux et autres vieux bois durs.	—	1 »
392	*Idem* de bois de sapin neuf et autres bois tendres...	—	0 55
393	*Idem* *idem* vieux et autres vieux bois tendres..	—	0 65
	SECTION 7.		
	COUVERTURE. *(Éléments rendus à pied-d'œuvre.)*		
394	Ardoises neuves d'Angers, dites poil taché..............	Le millier.	26 »
395	Tuiles faîtières..	Le cent.	6 50
396	Voliges de sapin blanc, de 0m 15 d'épaisseur, pour lattis....	Mètre carré d'un côté.	1 45
397	*Idem* de 0m 025 d'épaisseur, *idem* ...	—	2 15
398	Clous à ardoises, de 0m 035 de longueur *(600 à 700 au kilog.).*	Kilogramme.	1 70
399	Mêmes clous, galvanisés..................................	—	2 »
400	Clous galvanisés pour lattis en voliges, de 0m 05 de longueur.	—	1 85
401	Pointes galvanisées *idem* *idem*........	—	1 40
402	Clous à plomb ou broquettes *(1000 au kilog.)*............	—	1 85
403	Les mêmes galvanisés.................................	—	2 20
404	Chevrons en chêne, de 0m 08 d'équarrissage..............	Mètre courant.	0 75
405	Chevrons en sapin rouge du Nord, de 0m 08 à 0m 09 d'équarrissage.....................................	—	0 60
406	Tasseau en bois de sapin rouge du Nord, de 0m 07 sur 0m 07 pour couverture en zinc..............................	—	0 50
	COUVERTURE EN ARDOISES. *(Matières et main-d'œuvre réunies.)*		
407	Couverture en ardoises neuves, le lattis et les chevrons non compris...	Mètre carré de couverture.	2 30
408	Même couverture, les ardoises fournies par l'État.........	—	0 70
409	Couverture en vieilles ardoises remaniées et remises en œuvre, sur vieux lattis non démontés.................	—	1 10

Nos D'ORDRE.	NOMENCLATURE.	ESPÈCE DES UNITÉS.	PRIX DE BASE.
			F. C.
410	Démolition de couverture, lattis compris, les ardoises descendues et rangées dans le grenier ou sur le sol, y compris l'enlèvement des débris...........................	Le millier d'ardoises propres à être réemployées.	4 50
411	Démolition de lattis, les planches triées et descendues sur le sol..	Mètre carré.	0 05
412	Ardoises neuves employées en recherche, au-dessous de dix réunies	Le cent.	4 60
413	Lattis en planches de sapin blanc, de 0m 015 d'épaisseur.....	Mètre carré de surfce lattée	1 70
414	*Idem* de 0m 025 *idem*	—	2 35
415	Lattis en planches de toute épaisseur, les planches fournies par l'État..	—	0 20
416	Chevrons en chêne, de 0m 08 d'équarrissage, compris la pose et les pointes....................................	Mètre courant.	0 85
417	Chevrons en sapin rouge du Nord, de 0m 08 à 0m 09 d'équarrissage, compris la pose et les pointes.................	—	0 70
418	Tuiles faîtières neuves, posées en mortier hydraulique......	—	0 60
419	Les mêmes remaniées et remises en place sur mortier neuf..	—	0 40
420	Faîtages remaniés, les matières fournies par l'État.........	—	0 20
421	Pot en terre cuite, de forme conique, de 0m 55 de hauteur et de 0m 12 de diamètre intérieur à la base, posé au sommet d'un tuyau de cheminée avec mortier hydraulique.......	La pièce.	0 90
422	Augmentation au n° 421, pour chaque centimètre de diamètre en plus, jusqu'à 0m 28..................................	—	0 03

SECTION 8.

MENUISERIE.

(Éléments rendus à pied-œuvre.)

1° PLANCHES ET MADRIERS EN BOIS DE CHÊNE, DE STETTIN OU DE DANTZICK, DE DEUX ANS D'EMMAGASINEMENT.

Nos D'ORDRE.	NOMENCLATURE.	ESPÈCE DES UNITÉS.	PRIX DE BASE.
423	Planches de 0m 015 d'épaisseur............................	Mètre carré d'un côté.	2 »
424	*Idem* 0m 020 *idem*	—	2 60
425	*Idem* 0m 027 *idem*	—	3 30
426	*Idem* 0m 030 *idem*	—	3 90
427	*Idem* 0m 035 *idem*	—	4 55
428	*Idem* 0m 040 *idem*	—	5 10
429	Madriers de 0m 045 *idem*	—	5 70
430	*Idem* 0m 050 *idem*	—	6 35
431	*Idem* 0m 055 *idem*	—	6 90
432	*Idem* 0m 060 *idem*	—	7 40

Nos D'ORDRE.	NOMENCLATURE.	ESPÈCE DES UNITÉS.	PRIX DE BASE. F. C.
	2° PLANCHES EN SAPIN ROUGE DU NORD, DE DANTZICK OU DE RIGA, DE DEUX ANS D'EMMAGASINEMENT.		
433	Planches de 0m 015 d'épaisseur	Mètre carré d'un côté.	1 60
434	*Idem* 0m 020 *idem*	—	2 10
435	*Idem* 0m 027 à 0m 030 d'épaisseur	—	2 80
436	*Idem* 0m 033 à 0m 035 *idem*	—	3 30
437	*Idem* 0m 040 d'épaisseur	—	3 80
438	*Idem* 0m 045 *idem*	—	4 20
439	*Idem* 0m 050 *idem*	—	4 70
440	*Idem* 0m 055 *idem*	—	5 »
441	Madriers de 0m 060 *idem*	—	5 30
442	*Idem* 0m 080 *idem*	—	6 40
	3° POINTES EN FER ET EN CUIVRE ET CLOUS.		
443	Pointes en fer, au-dessus de 0m 05 de longueur	Kilogramme.	1 »
444	*Idem* au-dessous de 0m 05 de longueur	—	1 10
445	*Idem* de 0m 115 de longueur	Le cent.	2 45
446	*Idem* 0m 100 *idem*	—	1 80
447	*Idem* 0m 090 *idem*	—	1 45
448	*Idem* 0m 080 *idem*	—	1 10
449	*Idem* 0m 070 *idem*	—	0 90
450	*Idem* 0m 060 *idem*	—	0 70
451	*Idem* 0m 050 *idem*	—	0 55
452	*Idem* de 0m 040 à 0m 35 de longueur	—	0 40
453	*Idem* 0m 027 *idem*	—	0 30
454	Pointes fines en cuivre, de 0m 02 à 0m 03 de longueur	—	0 70
455	*Idem.*	Kilogramme.	5 40
456	Clous doux de toute longueur	—	1 65
	PLANCHERS OU CLOISONS ET AUTRES OUVRAGES ANALOGUES (*matières et main-d'œuvre réunies, y compris sciage; — pour fourniture, confection et pose, y compris clous, pointes et rivets et vis en fer de 0m 10 de longueur, tête comprise et au-dessous*).		
457	Ouvrages en planches de chêne, de 0m 033 à 0m 035 d'épaisseur, rabotées d'un côté, dressées sur les côtés et posées à joints plats	Mètre carré d'un côté.	6 40
458	Mêmes ouvrages, les planches étant de 0m 04 d'épaisseur	—	7 15
459	*Idem* en madriers de 0m 05 *idem*	—	9 »
460	*Idem* *idem* 0m 06 *idem*	—	10 60
461	Ouvrages en planches de chêne, de 0m 02 d'épaisseur, assemblées à rainures et languettes et blanchies d'un côté	—	5 30

Nos D'ORDRE.	NOMENCLATURE.	ESPÈCE DES UNITÉS.	PRIX DE BASE. F. C.
462	Mêmes ouvrages en planches, de 0m 027 d'épaisseur........	Mètre carré d'un côté.	6 10
463	*Idem* *idem* 0m 030 *idem*	—	6 90
464	*Idem* *idem* 0m 035 *idem*	—	7 65
465	*Idem* *idem* 0m 040 *idem*	—	8 30
466	*Idem* en madriers, de 0m 050..................	—	10 »
467	*Idem* *idem* 0m 060..................	—	11 80
468	Augmentation au nos 459 et 460, quand les planches seront refendues sur une largeur uniforme de 0m 12 au plus et coupées de 1m à 2m de longueur.........................	—	1 50
469	Augmentation aux nos 463, 464 et 465, quand les planches seront refendues en lames de 0m 10 de largeur et de toute longueur.	—	1 75
470	Augmentation aux nos 463, 464 et 465, quand les planches seront refendues en lames de 0m 10 de largeur, coupées d'égale longueur au-dessous de 0m 80 et disposées en parquets dits à bâtons rompus ou à feuilles de fougère	—	4 »
471	Augmentation aux nos 466 et 467, quand les planches seront refendues sur une largeur uniforme de 0m 12 et coupées de 1m à 2m de longueur...............................	—	3 »
472	Augmentation ou diminution aux prix des ouvrages ci-dessus, selon que les planches seront blanchies des deux côtés ou entièrement brutes..................................	—	0 45
473	Ouvrages en planches de sapin rouge du Nord, rabotées d'un côté, assemblées à joints plats, de 0m 015 à 0m 20 d'épaisr.	—	2 70
474	Mêmes ouvrages en planches, de 0m 027 d'épaisseur........	—	3 40
475	*Idem* *idem* 0m 030 *idem*	—	3 95
476	*Idem* *idem* de 0m 033 à 0m 035 d'épaisseur.	—	4 20
477	*Idem* *idem* 0m 040 d'épaisseur	—	4 70
478	*Idem* *idem* 0m 050 *idem*	—	6 »
479	Augmentation aux nos 475, 476, 477 et 478, quand les planches seront refendues sur une largeur uniforme de de 0m 10 ou plus....................................	—	0 50
480	Ouvrages en planches de sapin rouge du Nord, rabotées d'un côté, assemblées à rainures et languettes, de 0m 015 à 0m 020 d'épaisseur..................................	—	3 10
481	Mêmes ouvrages en planches de 0m 027 d'épaisseur.........	—	4 10
482	*Idem* *idem* 0m 030 *idem*	—	4 50
483	*Idem* *idem* de 0m 033 à 0m 035 d'épaissr..	—	5 10
484	*Idem* *idem* 0m 040 *idem*	—	5 80
485	Augmentation aux nos 482, 483 et 484, quand les planches seront refendues sur une largeur uniforme de 0m 10 au plus.	—	1 10
486	Augmentation aux nos 482, 483 et 484, quand les planches, refendues comme au no 485, seront coupées d'égale longueur de 1m..	—	1 45

Nos D'ORDRE.	NOMENCLATURE.	ESPÈCE DES UNITÉS.	PRIX DE BASE. F. C.
487	Augmentation ou diminution aux prix des ouvrages en sapin, selon que les planches seront blanchies des deux côtés ou entièrement brutes..	Mètre carré d'un côté.	0 30
	PLANCHERS, CLOISONS ET OUVRAGES ANALOGUES EN BOIS FOURNIS PAR L'ÉTAT *(pour confection et pose, y compris clous, pointes, rivets et vis en fer de 0m10 de longueur, tête comprise, et au-dessous).*		
488	Démolition avec soins de toute espèce d'ouvrages, les planches triées et rangées et les clous enlevés.....	Mètre carré d'un côté.	0 30
489	Ouvrages en planches de chêne de toute épaisseur, rabotées d'un côté dressées sur les faces latérales et assemblées à joints carrés..	—	1 25
490	Augmentation au n° 489, quand les planches seront refendues sur une largeur uniforme de 0m 10 au plus..	—	0 75
491	Mêmes ouvrages, les planches assemblées à rainures et languettes et blanchies d'un côté........................	—	1 75
492	Augmentation au n° 491, quand les planches seront refendues sur une largeur uniforme de 0m 10 au plus...............	—	1 05
493	Augmentation ou diminution aux nos 489 et 491, selon que les planches seront blanchies des deux côtés ou entièrement brutes..	—	0 45
494	Ouvrages en planches de sapin de toute épaisseur, rabotées d'un côté, dressées sur les faces latérales et assemblées à joints carrés.......	—	1 »
495	Augmentation au n° 494, quand les planches seront refendues sur une largeur uniforme de 0m 10 au plus.........	—	0 50
496	Mêmes ouvrages, les planches assemblées à rainures et languettes, et rabotées d'un côté............................	—	1 25
497	Augmentation au n° 496, quand les planches seront refendues sur une largeur uniforme de 0m 10 au plus.........	—	0 80
498	Augmentation ou diminution aux nos 494 et 496, selon que les planches seront blanchies des deux côtés ou entièrement brutes..	—	0 30
	PORTES ET CONTREVENTS *(pour fourniture, confection et pose avec blanchiment des faces apparentes, y compris clous, pointes, rivets et vis en fer de 0m 10 de longueur, tête comprise et au-dessous).*		
499	Fonds en chêne pour portes et contrevents, assemblés à rainures et languettes, avec clés et collés, de 0m 020 à 0m 022 d'épaisseur..	Mètre carré d'un côté.	6 »

N^os D'ORDRE.	NOMENCLATURE.	ESPÈCE DES UNITÉS.	PRIX DE BASE. F. C.
500	Mêmes fonds en planches, de 0m 027 à 0m 030 d'épaisseur...	Mètre carré d'un côté.	7 60
501	*Idem* *idem* 0m 033 à 0m 035 *idem* ...	—	8 70
502	*Idem* *idem* 0m 040 *idem* ...	—	9 90
503	Augmentation aux n°s 499, 500, 501 et 502, quand les planches seront refendues sur une largeur uniforme de 0m 10 au plus, avec ou sans moulures sur les joints..............	—	2 »
504	Fonds en sapin rouge du Nord pour portes et contrevents, assemblés à rainures et languettes avec clés et collés, de 0m 020 à 0m 022 d'épaisseur..........................	—	3 70
505	Mêmes fonds, de 0m 027 d'épaisseur.......................	—	4 90
506	*Idem* 0m 030 *Idem*	—	5 30
507	*Idem* 0m 033 à 0m 035 d'épaisseur.............	—	6 10
508	*Idem* 0m 040 *idem*	—	6 80
509	Augmentation aux n°s 504, 505, 506, 507 et 508, quand les planches seront refendues sur largeur uniforme de 0m 10 au plus, avec ou sans moulures poussées sur les joints....	—	1 25
510	Quand dans les contrevents on rapportera des lames de persienne, cette portion sera payée double du prix porté au bordereau — *double*..............................	—	
	Nota. *Les bâtis, traverses, écharpes en chêne seront payés séparément; mais les emboitures, si l'on en exige, seront comprises dans les prix ci-dessus.*		
511	Bâtis de portes ou de contrevents, avec ou sans feuillures, traverses et écharpes en bois de chêne, avec assemblage, de 0m 12 de largeur et de 0m 027 d'épaisseur............	Mètre courant.	0 80
512	Les mêmes de 0m 033 à 0m 035 d'épaisseur................	—	1 »
513	*Idem* 0m 040 *idem*	—	1 25
514	*Idem* 0m 045 *idem*	—	1 50
515	*Idem* 0m 050 *idem*	—	1 70
516	*Idem* 0m 055 *idem*	—	1 90
517	*Idem* 0m 060 *idem*	—	2 10
518	Les prix des bâtis ci-dessus seront augmentés d'un douzième pour chaque centimètre en sus de la largeur précitée — *douzième*..	—	
519	Plus-value pour chaque porte portant jet d'eau au lieu d'une emboiture..	La pièce.	1 40
	LAMBRIS, VOLETS, PORTES VITRÉES A PANNEAUX, CHAMBRANLES, PLINTHES, CYMAISES, ETC. *(pour fourniture, confection et pose, avec blanchiment des faces apparentes, y compris, clous, pointes, rivets et vis en fer de 0m 10 de longueur, tête comprise, et au-dessous).*		
520	Lambris à un seul parement en sapin, sans moulures, as-		

N°s D'ORDRE.	NOMENCLATURE.	ESPÈCE DES UNITÉS.	PRIX DE BASE. F. C.
	semblés à rainures et languettes et collés de 0m 015 à 0m 020 d'épaisseur..................................	Mètre carré d'un côté.	3 80
521	Les mêmes de 0m 027 d'épaisseur........................	—	4 60
522	Lambris à un seul parement à moulures, l'autre brut avec cadre en chêne, de 0m 027 à 0m 030 d'épaisseur, et panneaux en sapin rouge, de 0m 015 à 0m 020 d'épaisseur, avec plate-bande et cymaise..........................	—	7 30
523	Les mêmes avec cadre en sapin........................	—	6 30
524	Porte à panneaux en sapin rouge du Nord, avec cadre de 0m 033 d'épaisseur, sans moulures, ni plate-bande	—	6 20
525	La même avec panneaux de 0m 015 d'épaisseur, plate-bande et moulures d'un côté..............................	—	6 80
526	La même, avec moulure et plate-bande des deux côtés.....	—	7 20
527	Porte ou devanture de placard en sapin rouge du Nord, de 0m 027 d'épaisseur, les panneaux de 0m 01, sans moulures ni plate-bande....................................	—	5 80
528	La même, avec moulures et plate-bande d'un côté.........	—	6 »
529	*Idem* *idem* des deux côtés	—	6 30
530	Porte à panneaux et vitrée, en bois de chêne, les montants, traverses et petits bois de 0m 035 à 0m 040 d'épaisseur, les panneaux de 0m 022 et embrevés, et la traverse du bas formant jet-d'eau...	—	10 50
531	Même porte de grande dimension, les montants, traverses et petits bois de 0m 05 d'épaisseur, les panneaux de 0m 027 et embrevés..	—	15 »
532	Volets brisés ou non brisés en sapin rouge du Nord, à un seul parement à moulures, l'autre blanchi avec cadre de 0m 027 d'épaisseur et panneaux de 0m 015....................	—	6 65
533	Volets brisés en sapin rouge du Nord, à panneaux sans moulures, les montants et traverses, de 0m 020 à 0m 022 d'épaisseur, et les panneaux de 0m 01 d'épaisseur..............	—	6 »
534	Baguettes d'angle en sapin, de 0m 025 de diamètre.........	Mètre courant.	0 40
535	Boudin demi-circulaire en bois de chêne, pour grande porte, de 0m 06 de diamètre..................................	—	1 »
536	Chambranles en chêne, pour portes et croisées, de 0m 033 d'épaisseur, avec moulures ravolées dans l'épaisseur du bois et de 0m 10 à 0m 12 de largeur..........................	—	1 60
537	Chambranle comme au n° 536, mais en bois de sapin......	—	1 »
538	Console ou écharpe pour support d'étagère *(quand il y aura lieu de les payer à part.)*...........................	La pièce.	0 40
539	Corniche en bois de sapin, les moulures poussées à l'outil, pour 0m 03 de saillie.....	Mètre courant.	0 40
540	Augmentation au n° 539, pour chaque saillie de 0m 03 en plus.	—	0 30

N°s D'ORDRE.	NOMENCLATURE.	ESPÈCE DES UNITÉS.	PRIX DE BASE. F. C.
541	Quand la corniche sera en bois de chêne, les prix des n°s 539 et 540 seront augmentés de moitié — *moitié*............	Mètre courant.	
542	Couvre-joints en bois de sapin, de 0m 05 à 0m 06 de largeur et de 0m 022 d'épaisseur...........................	—	0 35
543	Crémaillère pour bibliothèque ou placard, en sapin, de 0m 035 de côté....................................	—	0 35
544	Cymaises en planches de chêne, de 0m 04 d'épaisseur.......	—	0 75
545	*Idem* en planches de sapin, de 0m 04 d'épaisseur	—	0 50
546	Devanture de cheminée en sapin rouge du Nord...........	La pièce.	11 »
547	Dormant de croisée, à coulisse, avec recouvrement, le tout en bois de sapin	Mètre courant.	1 55
548	Échelle en sapin pour tablettes ou étagères, de 0m 20 à 0m 40 de largeur.....	—	1 10
549	Échelle en sapin pour tablettes ou étagères, depuis 0m 40 jusqu'à 0m 70 de largeur.............................	—	1 80
550	Échelle d'appartement en bois de sapin, à barreaux plats, les montants et barreaux de 0m 10 à 0m 11, sur 0m 027 à 0m 030 d'épaisseur..	—	2 30
551	La même, les montants et barreaux de 0m 21 de largeur, sur 0m 030 à 033 d'épaisseur....................	—	4 70
552	Écharpes, barres et traverses de porte ou de contrevent en bois de sapin de 0m 11 de largeur et 0m 030 d'épaisseur....	—	0 75
553	Étagère, tablette de placard, ratelier de cuisine, en sapin, de 0m 027 à 0m 030 d'épaisseur, rabotés des deux côtés, avec consoles et liteaux.............	Mètre carré d'un côté.	5 »
554	Fond de baignoire en sapin rouge, de 0m 030 à 0m 033 d'épaisseur........	La pièce.	5 »
555	Gueule de loup en bois de chêne, de 0m 07 sur 0m 12, pour grande porte..	Mètre courant.	4 30
556	Lambourdes en bois de chêne, de 0m 080 à 0m 09 d'équarrissage, pose comprise................................	—	1 10
557	Lambourdes en bois de chêne, de 0m 04 d'équarrissage, posées sur plancher..	—	0 50
558	Moulures en sapin de 0m 027 d'épaisseur sur 0m 05 de largeur, rapportées pour former chambranle.....................	—	0 45
559	Plinthes en sapin rouge, de 0m 012 à 0m 015 d'épaisseur sur 0m 12 de hauteur.......................................	—	0 40
560	Les mêmes en bois de chêne	—	0 60
561	Plinthes en sapin, de 0m 022 d'épaisseur et 0m 18 à 0m 20 de hauteur......	—	0 70
562	Les mêmes en bois de chêne	—	1. »
563	Plinthes en sapin rouge, de 0m 027 à 0m 030 d'épaisseur et de 0m 30 de hauteur.................................	—	1 30

Nos D'ORDRE.	NOMENCLATURE.	ESPÈCE DES UNITÉS.	PRIX DE BASE. F. C.
564	Porte-manteaux, les champignons espacés de 0m 25 de milieu en milieu et ajustés sur une tringle de 0m 08 à 0m 10 de largeur	Mètre courant.	1 »
565	Porte-manteaux mobiles en bois de sapin, avec piton en fer.	La pièce.	» »
566	Poteaux d'huisserie en sapin rouge du Nord, de 0m 05 à 0m 06 d'épaisseur, de 0m 08 à 0m 10 de largeur, portant feuillure et moulures	Mètre courant.	1 10
567	Les mêmes, pour cloisons en briques de plat, de 0m 11 d'équarrissage	—	2 »
568	Siége de lieu d'aisance en bois de chêne, compris couvercle	La pièce.	9 »
569	Tasseau en sapin, 0m 03 de côté, quand il y aura lieu de les payer à part	Mètre courant.	0 30
570	Rampe d'escalier droit, sans être entaillée, de 0m 06 d'équarrissage, le dessus légèrement arrondi et les côtés évidés	—	1 20
571	Main-courante en bois de noyer, pose et vernissage compris, pour escalier tournant	—	9 »
572	La même pour escalier droit	—	3 »
573	Escalier droit avec limon et faux-limon en chêne, la marche en chêne et la contre-marche en sapin jusqu'à 1m 30 de largeur	La marche.	9 »
574	Même escalier avec parties courbes	—	16 »
	NOTA. *Quand un escalier se composera de parties droites et de parties courbes, on appliquera aux marches et à la main-courante en parties droites les prix nos 572 et 573, et aux marches et à la main-courante en parties courbes, les prix des nos 571 et 574.*		
	NOTA. *Toutes les pattes à pointe, à scellement ou à vis, jugées nécessaires pour fixer les lambris, chambranles, plinthes, cymaises et autres objets de menuiserie compris dans le paragraphe ci-dessus, seront payées à part; mais pour fourniture seulement, la pose étant comprise dans les prix portés au bordereau.*		
	CROISÉES, IMPOSTES CINTRÉES ET PERSIENNES. *(pour fourniture, confection et pose, avec blanchiment des faces apparentes, y compris clous, pointes, rivets et vis en fer de 0m 10 de longueur, tête comprise, et au-dessous).*		
575	Croisées à petits carreaux en bois de chêne, de 0m 040 à 0m 045 d'épaisseur, avec imposte et banquette, dormant compris	Mètre carré d'un côté.	14 »
576	Mêmes croisées sans banquette	—	12 »

N°s D'ORDRE.	NOMENCLATURE.	ESPÈCE DES UNITÉS.	PRIX DE BASE. F. C.
577	Mêmes croisées, sans banquette et sans imposte............	Mètre carré d'un côté.	11 »
578	Châssis mobiles de croisées ou d'impostes à petits carreaux, comme au n° 575, en bois de chêne, mais sans dormant...	—	9 50
579	Augmentation aux n°s 575, 576, 577 et 578, pour chaque augmentation de cinq millimètres d'épaisseur...........	—	0 80
580	Diminution aux n°s 575, 576, 577 et 578, quand les châssis des croisées seront à grands carreaux..................	—	1 »
581	Châssis vitrés de comble, en bois de chêne, de 0m 04 d'épaisseur, le cadre de 0m 10 à 0m 12 de largeur, les petits bois de 0m 09 sur 0m 04..........	—	10 »
582	Châssis mobiles d'impostes ou de croisées à petits carreaux, en bois de sapin, de 0m 035 d'épaisseur................	—	7 20
583	Diminution au n° 582, quand les châssis seront à grands carreaux.............	—	0 60
584	Impostes cintrées, en bois de chêne, de 0m 040 à 0m 045 d'épaisseur, divisées par des cercles ou des parties de cercles..	—	17 »
585	Les mêmes, de 0m 050 à 0m 055 d'épaisseur...........	—	20 »
586	Diminution aux n°s 584 et 585, quand les impostes seront simplement divisées par des rayons droits..............	—	1 20
587	Pièce d'appui et jet-d'eau de croisée en chêne, en remplacement	La pièce.	2 »
588	Dormant de croisée en bois de chêne, de 0m 05 à 0m 06 d'équarrissage, en remplacement.........................	Mètre courant.	1 30
589	Montant, traverse et meneau de croisée en chêne, en remplacement...	—	1 75
590	Croisillon de croisée en chêne, en remplacement.........	—	0 90
591	Persiennes en bois de chêne, de 0m 04 d'épaisseur, avec dormant...	Mètre carré d'un côté.	15 »
592	Mêmes persiennes, sans dormant.......................	—	13 »
593	Lames en chêne pour remplacement aux persiennes.......	La pièce.	0 70
	NOTA. *Les ferrures pour croisées et persiennes seront payées séparément.*		
	BLANCHIMENT DES BOIS.		
	(Lorsqu'il y aura lieu de les payer à part ou qu'ils seront faits sur place, on leur appliquera les prix prévus aux n°s 388 et 389.)		

Nos D'ORDRE.	NOMENCLATURE.	ESPÈCE DES UNITÉS.	PRIX DE BASE.
			F. C.
	SECTION 9.		
	FERRONNERIE ET SERRURERIE. *(Éléments rendus à pied-d'œuvre.)*		
594	Fer en barres, rond, carré ou méplat, 1re qualité..........	Kilogramme.	0 45
595	Tôle de fer laminé, de toute épaisseur et de toutes dimensions.	—	0 60
596	Même tôle galvanisée..........................	—	1 »
597	Charbon de terre, en roches..........................	Hectolitre.	3 80
598	*Idem* de bois..........................	—	3 70
	FERS OUVRÉS ET MIS EN PLACE.		
599	Gros fer forgé ou fer n° 1..........................	Kilogramme.	0 65
600	Même fer ou fer n° 2, pour ouvrages communs.............	—	0 80
601	Gros fer de sujétion, au-dessus de 2 kil., ou fer n° 3........	—	1 »
602	*Idem* au-dessous de 2 kil., ou fer n° 4........	—	1 25
603	Petit fer travaillé, au-dessous de 1 kil., ou fer n° 5........	—	1 50
604	Petit fer de sujétion travaillé à la lime, ou fer n° 6..........	—	1 70
605	Chaînes en fer à grosses mailles, ou fer n° 7	—	1 20
606	*Idem* à petites mailles, ou fer n° 8.	—	1 60
	FERS REFORGÉS, MIS EN PLACE OU SIMPLEMENT DÉPLACÉS ET REPLACÉS.		
607	Fer n° 2 reforgé dans la même forme..........................	Kilogramme.	0 10
608	*Idem* 3 *idem*	—	0 20
609	*Idem* 4 *idem*	—	0 25
610	*Idem* 5 *idem*	—	0 35
611	*Idem* 6 *idem*	—	0 40
612	Les prix des nos 607, 608, 609, 610 et 611 seront doublés, lorsque les fers seront reforgés en changeant de forme — *doublés*...	—	
613	On allouera *moitié* des prix des mêmes numéros lorsque les fers seront déplacés et replacés sans être reforgés — *moitié*.	—	
	NOTA. *Pour tous les fers du présent paragraphe, les clous, boulons, vis, rivets, etc., servant à les poser, seront payés à part, pour fourniture seulement, leur pose étant comprise dans les prix ci-dessus.*		
614	Plus-value pour les fers nos 2 et 3 des deux paragraphes qui précèdent, quand ils seront galvanisés après le travail....	—	0 25
615	Plus-value aux fers nos 4, 5 et 6 des deux paragraphes qui précèdent, quand ils seront galvanisés après le travail....	—	0 30

N° D'ORDRE.	NOMENCLATURE.	ESPÈCE DES UNITÉS.	PRIX DE BASE. F. C.
	OUVRAGES EN TOLE ORDINAIRE ET TOLE GALVANISÉE. *(Pour fourniture, confection et pose, les rivets seront pesés et payés avec la tôle).*		
616	Tôles de fer ordinaire, pour couvercles, portes de fourneaux et autres ouvrages semblables, bâtis en fer compris......	Kilogramme.	2 »
617	Tôles de fer ordinaire, pour poutres et autres ouvrages semblables, pose comprise..............................	—	1 »
618	Tôles galvanisées, planes ou cannelées, pour couvertures, noues arrêtiers, chéneaux et autres ouvrages analogues, de l'épaisseur d'un demi-millimètre et au-dessus.........	—	1 80
	FONTES. *(Pose non comprise.)*		
619	Fonte n° 1..	Kilogramme.	0 40
620	*Idem* 2..	—	0 50
621	*Idem* 3..	—	0 60
622	*Idem* 4..	—	0 75
	OBJETS DIVERS DE SERRURERIE CONFECTIONNÉS ET MIS EN PLACE *(y compris clous, pointes, rivets et vis en fer de 0m 10 de longueur, tête comprise, et au-dessous).*		
623	Arrêt ou tourniquet double, de 0m 12 de tige, à pointes ou à scellement pour persiennes et volets....................	La pièce.	0 80
624	Arrêt ou tourniquet simple à bascule, forme loqueteau, avec platine sur la persienne ou le volet..	—	1 10
625	Anneaux ou pannetons de clé pour fortes serrures extérieures, en remplacement....	—	2 15
626	Les mêmes pour les serrures nos 728 et 729............. .	—	1 15
627	*Idem* pour les serrures d'appartement, nos 733, 734 et 735..............	—	0 90
628	Agrafe en fer pour volets mobiles de porte vitrée...........	—	0 85
629	Anneau en cuivre de 0m 03 de diamètre avec pitons à vis pour tiroir..	—	0 25
630	Anneau en fer doux galvanisé, de 0m 03 de diamètre, pour loqueteau..	—	0 15
631	Ajustage et pose de lances en fonte pour ornement de grille.	—	0 40
632	Boulons carrés, à tête ronde, avec clavettes et entrées pour volets mobiles.......................................	—	1 20
633	Boulonnets à tête ronde ou carrée, à vis et à écrou, de 0m 05 à 0m 08 de longueur..................................	—	0 10

13

Nos D'ORDRE.	NOMENCLATURE.	ESPÈCE DES UNITÉS.	PRIX DE BASE.
			F. C.
634	Boulonnets à tête ronde ou carrée, à vis ou à écrou, de 0m 09 à 0m 12 de longueur	La pièce.	0 20
635	Boulonnets à tête ronde ou carrée, à vis et à écrou, de 0m 13 à 0m 15 de longueur	—	0 30
636	Boulonnets sur platine, avec clavette et chaînette, en fil de fer pour fermeture de châssis vitrés de comble	—	0 50
637	Bouton simple à olive en cuivre, en remplacement	—	1 10
638	*Idem* double *idem* *idem*	—	1 60
639	Bouton de poignée d'espagnolette *idem*	—	0 75
640	Bouton de targette *idem*	—	0 30
641	Bouton de verrou à ressort *idem*	—	0 60
642	Bouton en cuivre, à vis pour tiroir, de 0m 02 de diamètre	—	0 15
643	Broche de fiche, en remplacement	—	0 30
644	Cadenas en fer, de 0m 05 de diamètre et au-dessous	—	0 60
645	*Idem* en cuivre *idem*	—	0 80
646	Cadenas en fer depuis 0m 05 de diamètre jusqu'à 0m 08	—	1 85
647	*Idem* en cuivre *idem*	—	3 50
648	Canon de serrure, en remplacement	—	0 85
649	Charnière en fer pour porte d'appartement, de 0m 08 de nœud, en remplacement	—	0 60
650	Charnière en fer très-forte, pour porte en chêne, de 0m 10 de nœud, en remplacement	—	0 70
651	Charnière en fer pour porte de placard, de 0m 06 de nœud, et au-dessous, en remplacement	—	0 40
652	Charnière en cuivre, de 0m 05 de nœud et au-dessous, en remplacement	—	0 65
653	Charnière en cuivre, depuis 0m 05 de nœud jusqu'à 0m 08, en remplacement	—	1 35
654	Charnière de toute sorte à l'État, pour pose et fourniture de vis	—	0 25
655	Clef pour forte serrure extérieure, en remplacement	—	3 »
656	Clef pour les serrures nos 728 et 729, en remplacement	—	2 »
657	Clef pour serrure d'appartement, nos 733, 734 et 735, en remplacement	—	1 50
658	Clef pour serrure d'armoire ou de placard, en remplacement	—	1 30
659	Clef pour serrure de tiroir ou grand cadenas *idem*	—	1 »
660	Clef pour lampe carcel	—	0 80
661	Clef ou registre pour tuyaux de poêle	—	0 90
662	Cordon de sonnette en fil de laiton, à une branche	Mètre courant.	0 10
663	*Idem* *idem* à deux branches	—	0 15
664	Couplets en fer, à tourillon, de 0m 30 de branche, 0m 04 de largeur et de 0m 08 d'épaisseur	La pièce.	2 20
665	Les mêmes galvanisés	—	2 75

N°s D'ORDRE.	NOMENCLATURE.	ESPÈCE DES UNITÉS.	PRIX DE BASE.
			F. C.
666	Couplets en cuivre, de 0m 05 de branche..................	La pièce.	1 20
667	*Idem* de 0m 06 à 0m 10 de branche..............	—	3 »
668	Crochets de retenue, de 0m 05 à 0m 10 de longueur, en fer rond, avec ses pitons....................................	—	0 50
669	Crochets de retenue, de 0m 10 à 0m 15 de longueur, en fer rond, avec ses pitons....................................	—	0 70
670	Crochets de retenue, de 0m 15 à 0m 30, de longueur, en fer rond, avec ses pitons....................................	—	1 »
671	Croissant de cheminée en fer poli, garni d'un bouton en cuivre.	—	0 80
672	Croissant de cheminée en cuivre poli	—	1 »
673	Chaînette en fil de fer, de 0m 002 de diamètre, pour tourne-broche	Mètre courant.	0 80
674	Entrée de serrure en remplacement.......................	La pièce.	0 60
675	Entrée de serrure de placard, de tiroir ou de bouton à olive, en remplacement....................................	—	0 30
676	Equerre pour croisée, de 0m 22 de côté et 0m 003 d'épaisseur, posée avec vis à bois....................................	—	0 60
677	Espagnolette en fer rond, de 0m 016 à 0m 018 de diamètre, poignée pleine avec lacets, gâches et supports, etc., la poignée comptant pour 0m 33....................................	Mètre courant de tige.	3 60
678	Même espagnolette en fer, de 0m 020 à 0m 025 de diamètre...	—	5 »
679	Fiche à nœud en fer, de 0m 22	La pièce.	0 90
680	*Idem* de 0m 16	—	0 70
681	*Idem* à vase en cuivre, de 0m 22............	—	0 80
682	Fouillot de serrure en remplacement....................	—	1 »
683	Gâche encloisonnée pour fortes serrures, nos 726 et 727, en remplacement....................................	—	2 50
684	Gâche non encloisonnée pour fortes serrures, nos 726 et 727, en remplacement....................................	—	1 40
685	Gâche de toute sorte pour les serrures nos 728, 279, 730, 731, 732, 733, 734 et 735, en remplacement............	—	1 »
686	Gâche de verrou à ressort ou d'espagnolette................	—	0 50
687	Grand ressort de serrure à l'anglaise......................	—	1 80
688	Goujon d'espagnolette....................................	—	0 15
689	Garniture d'espagnolette à la capucine, composée d'un boulon, une poignée et deux crampons..........................	—	1 75
690	Loquet à ressort et à poignée sur platine.................	—	3 »
691	Loquet à poucier de 0m 38, avec garniture complète........	—	3 10
692	Loquet à bascule de force moyenne (0m 70 de longueur), à bouton et à olive en fer pour porte extérieure	—	4 60
693	Même loquet, mais très-fort, pour grande porte d'atelier...	—	7 20
694	Loqueteau à ressort, à boudin complet, pour fermeture d'impostes, volets, persiennes, etc..........................	—	1 90

Nos D'ORDRE.	NOMENCLATURE.	ESPÈCE DES UNITÉS.	PRIX DE BASE.
			F. C.
695	Loqueteau simple, sans ressort ni platine, pour petit châssis vitré	La pièce.	0 60
696	Mentonnet pour porte de fourneau en remplacement	—	0 30
697	Mouvement de sonnette en remplacement	—	0 40
698	Pêne de serrure à l'anglaise, en remplacement	—	2 10
699	Pièce de loquet-poucier *idem*	—	0 60
700	Poignée à pointes, pour volets, persiennes, etc	—	0 50
701	Poignée sur platine pour volet mobile	—	1 20
702	Poignée d'espagnolette, pleine, en remplacement	—	1 50
703	Plus-value, quand la poignée sera découpée à jour	—	0 80
704	Poignée de sonnette en remplacement	—	0 60
705	Pattes droites ou coudées, de 0m 05 à 0m 10 de longueur	—	0 06
706	*Idem* de 0m 11 à 0m 15 *idem*	—	0 10
707	Patte à scellement et patte à vis	—	0 15
708	Piton à vis ou à scellement, de 0m 03 à 0m 05 de longueur	—	0 15
709	*Idem* de 0m 06 à 0m 10 ... *idem*	—	0 20
710	*Idem* de 0m 11 à 0m 16 ... *idem*	—	0 30
711	Picolet ou crampon de verrou à ressort ou de targette, en remplacement	—	0 30
712	Platine pour arrêt ou tourniquet, en remplacement	—	0 25
713	Pointe de mouvement de sonnette, en remplacement	—	0 20
714	Pommelle formant équerre, renforcée, pour ferrure très-solide de croisée	—	3 80
715	Pommelle petite, à gond et à H, pour châssis mobile de croisée	—	1 65
716	Pommelle forte, à charnière, à H ou à S, de 0m 27 de hauteur.	—	3 40
717	Ressort à boudin pour serrure, en remplacement	—	1 »
718	*Idem* de tiroir ou de placard, en remplacement	—	0 60
719	Ressort en fil de laiton, pour cordon de sonnette d'appartement	—	0 30
720	Ressort de sonnette d'appartement	—	1 50
721	Ressort à boudin pour loqueteau	—	0 60
722	Ressort en fil de fer pour porte tombante	—	2 60
723	Ressort en acier pour devant de cheminée	—	0 60
724	Serrure en fer, de 0m 22 sur 0m 16, pour porte cochère, ouvrages de maître, à deux pènes renforcés, tour et demi-tour, bouton en fer ou en cuivre, avec gâche encloisonnée, tout compris	—	20 »
725	Serrure bénarde, de mêmes dimensions, à deux tours, sans demi-tour, pour porte extérieure ou de magasin	—	16 »
726	Serrure bénarde, ouvrage de maître, à deux tours, de 0m 16 sur 0m 10	—	8 »

N°s D'ORDRE.	NOMENCLATURE.	ESPÈCE DES UNITÉS.	PRIX DE BASE. F. C.
727	Serrure en cuivre dite lardée, de 0m 7 sur 0m 10..........	La pièce.	9 »
728	Serrure plate (forte), de 0m 16 sur 0m 10, à verrou et à moraillon, péne dormant, ouvrage de maître.	—	11 »
729	Serrure à loquet....................................	—	3 50
730	Serrure de sûreté, avec poignée en cuivre et chaînette, pour grande porte, de 0m 18 sur 0m 12..............	—	23 »
731	Serrure de sûreté, avec bouton double, à olive en cuivre, pour porte odinaire..................................	—	17 »
732	Serrure à l'anglaise, très-soignée, pour porte intérieure d'appartement, de 0m 14 sur 0m 08, à deux pènes, tour et demi-tour, avec bouton à olives en cuivre..............	—	9 40
733	Même serrure, mais plus forte pour entrée de maison......	—	11 »
734	Serrure dite bec-de-canne, avec bouton à olive en cuivre....	—	5 »
735	Serrure d'armoire ou de placard, à pêne dormant, de 0m 10 de côté..		3 50
736	Serrure de tiroir encloisonnée ou non encloisonnée, de 0m 07 à 0m 08 de côté	—	1 80
737	Serrure à l'état, pour pose et fourniture de vis............	—	1 »
738	Serrure ou cadenas réparé, sans remplacement de pièce....	—	1 30
739	Serrure ou cadenas nettoyé complétement................	—	0 75
740	Sonnette d'appartement, avec ressort à boudin de 0m 08 de diamètre...	—	4 »
741	Sonnette d'appartement, sans ressort, à boudin de 0m 08 de diamètre..	—	2 50
742	Support ou lacet d'espagnolette, en remplacement...	—	0 70
743	Sphère en cuivre, de 0m 08 à 0m 10 de diamètre, pour rampe d'escalier..	—	2 »
744	Targette en fer sur platine, non évidée, de 0m 07 à 0m 08....	—	1 »
745	*Idem* forte sur platine, non évidée, de 0m 10 à 0m 12.	—	1 50
746	Targette en cuivre, à coulisse, avec gâche et bouton........	—	1 10
747	Tige de bouton à olive, en remplacement................	—	0 65
748	Toile métallique de 0m 005 à 0m 006 de maille.............	Mètre carré d'un côté.	3 70
749	Verrou à ressort renforcé, de 0m17 à 0m25 sur platine non évidée.	La pièce.	1 60
750	*Idem* de 0m 26 à 0m 35 *idem* ...	—	2 30
751	*Idem* de 0m 50 à 0m 60 *idem* ...	—	3 20
752	*Idem* de 0m 70 à 1m *idem* ...	—	4 »
753	Vis de pression sur platine, pour croisée à coulisse.........	—	1 30
	NOTA. *Toutes les ferrures de portes, croisées, volets, etc., seront fixées au moyen de boulons à vis ou à écrous ou de vis à bois, qui seront compris, ainsi que la mise en place, dans le prix des objets énumérés dans le présent paragraphe du bordereau; mais les scellements de pitons, tourniquets, agrafes, crochets, etc., dans les murs, seront payés à part.*		

Nos D'ORDRE.	NOMENCLATURE.	ESPÈCE DES UNITÉS.	PRIX DE BASE.
			F. C.
	DEMI-BLANCHIMENTS, BLANCHIMENTS, POLISSAGES. *(Quand ils devront être payés à part, ou faits sur place.)*		
754	Demi-blanchîment de surface métalliques, à la lime d'Allemagne......	Décimètre carré de surface blanchie.	0 25
755	Blanchîment complet à la lime bâtarde, y compris l'opération précédente......	—	0 50
756	Polissage à la lime douce et à l'huile, y compris les deux opérations précédentes......	—	1 »
	SCELLEMENTS. *(Matière et main-d'œuvre réunies.)*		
757	Trou de scellement dans la pierre dure pour logement de menues ferrures, telles que pitons, crochets, crampons, pattes, agrafes, tourniquets, etc......	La pièce.	0 35
758	Le même pour logement de ferrures en gros fer, telles que gonds, barreaux, tirants, consoles, organeaux, grandes agrafes, etc......	—	0 75
759	Scellement en plâtre avec limaille dans la pierre de granit, de menues ferrures, y compris la façon du trou......	—	0 50
760	Le même pour grosses ferrures, etc., y compris la façon du trou......	—	1 10
761	Le même pour menues ferrures, dans la maçonnerie en moëllons, briques ou pierres tendres, y compris la façon du trou......	—	0 30
762	Le même pour ferrures en gros fer, dans la maçonnerie en moëllons, briques ou pierres tendres, y compris la façon du trou......	—	0 60
763	Plomb neuf employé en scellement, pose comprise......	Kilogramme.	0 90
764	Diminution au 763, quand le plomb sera fourni par l'État...	—	0 75
765	Descellement avec rebouchage du trou, ou scellement dans un trou déjà fait, *moitié des prix nos 759, 760, 761 et 762*..	La pièce.	
766	Augmentation aux nos 759, 760, 761 et 762, quand on emploiera du ciment hydraulique au lieu de plâtre — *moitié*......	—	
767	Augmentation au n° 758, pour chaque centimètre en sus de la profondeur ordinaire fixée à 0m 12......	Par centimètre de profondeur en sus.	0 12
	NOTA. *Quand les scellements se feront dans des trous ayant plus de 0m 08 de côté et de 0m 12 de profondeur dans le granit, et plus de 0m 16 dans le moëllon ou la pierre tendre, ils seront payés pour taille, fourniture et pose à l'économie.*		

N° D'ORDRE.	NOMENCLATURE.	ESPÈCE DES UNITÉS.	PRIX DE BASE.
			F. C.
	CLOUTERIE. *(Matières et main-d'œuvre réunis, y compris pose, quand il y aura lieu de la payer à part.)*		
768	Clous doux de toutes longueurs........................	Kilogramme.	1 65
769	Clous à l'usage des serruriers, clous à rivet et à tête de potirons..	—	1 60
770	Chevillettes en fer, de 0m 10 à 0m 20 de longueur..........	—	1 35
771	*Idem.* de 0m 21 à 0m 30 *idem*	—	1 25
772	Clous en cuivre, à tête ronde et bombée, pour tapissier.....	—	6 »
	NOTA. *Pour les clous à plomb, à ardoises, etc., voir du n° 398 au n° 403; pour les pointes de toutes dimensions, voir du n° 443 au n° 456.*		
	VIS EN FER ET EN CUIVRE. *(Matières et main-d'œuvre réunies, y compris pose, quand il y aura lieu de les payer à part.)*		
773	Vis à bois en fer, à tête plate, renforcées, de 0m 14 de longueur.	Le cent.	18 80
774	*Idem* 0m 13 *idem* ..	—	16 »
775	*Idem* 0m 12 *idem* ..	—	13 55
776	*Idem* 0m 11 *idem* ..	—	11 65
777	*Idem* 0m 10 *idem* ..	—	10 50
778	*Idem* 0m 09 *idem* ..	—	9 40
779	*Idem* 0m 08 *idem* ..	—	8 25
780	*Idem* 0m 07 *idem* ..	—	7 10
781	*Idem* 0m 06 *idem* ..	—	6 »
782	*Idem* 0m 05 *idem* ..	—	4 90
783	*Idem* 0m 04 *idem* ..	—	3 70
784	*Idem* 0m 035 *idem* ..	—	3 20
785	*Idem* 0m 030 *idem* ..	—	2 60
786	*Idem* 0m 025 *idem* ..	—	2 20
787	Vis à bois en fer, à tête plate ordinaires, de 0m 080 *idem* ..	—	6 70
788	*Idem* 0m 07 *idem* ..	—	5 30
789	*Idem* 0m 06 *idem* ..	—	4 10
790	*Idem* 0m 05 *idem* .	—	3 85
791	*Idem* 0m 045 *idem* ..	—	2 85
792	*Idem* 0m 04 *idem* ..	—	2 50
793	*Idem* 0m 035 *idem* ..	—	2 20
794	*Idem* 0m 03 *idem* ..	—	2 »
795	*Idem* 0m 025 *idem* ..	—	1 85
796	*Idem* 0m 02 *idem* ..	—	1 55

Nos D'ORDRE.	NOMENCLATURE.	ESPÈCE DES UNITÉS.	PRIX DE BASE. F. C.
797	Vis à bois en fer, à tête ronde, renforcée, de 0m 08 de longueur.	Le cent.	9 55
798	*Idem* 0m 07 *idem* ..	—	7 70
799	*Idem* 0m 06 *idem* ..	—	6 20
800	*Idem* 0m 05 *idem* ..	—	5 40
801	*Idem* 0m 04 *idem* ..	—	4 30
802	*Idem* 0m 035 *idem* ..	—	3 70
803	*Idem* 0m 03 *idem* ..	—	3 15
804	*Idem* 0m 025 *idem* ..	—	2 80
805	Vis à bois en fer, à tête ronde, ordinaire, de 0m 08 *idem* ..	—	7 20
806	*Idem* 0m 07 *idem* ..	—	6 15
807	*Idem* 0m 06 *idem* ..	—	5 30
808	*Idem* 0m 05 *idem* ..	—	4 25
809	*Idem* 0m 04 *idem* ..	—	3 15
810	*Idem* 0m 035 *idem* ..	—	2 65
811	*Idem* 0m 03 *idem* ..	—	2 10
812	*Idem* 0m 025 *idem* ..	—	1 70
813	*Idem* 0m 02 *idem* ..	—	1 55
814	Vis à bois en cuivre, à tête ronde ou plate, ordinaires, de 0m 03 de longueur..	—	3 »
815	*Idem* à tête ronde ou plate, ordinaires, de 0m 025 de longueur	—	2 60
816	*Idem* à tête ronde ou plate, ordinaires, de 0m 02 de longueur	—	2 15
817	*Idem* à tête ronde ou plate, ordinaires, de 0m 15 de longueur..............	—	1 90
818	Grosses vis, à tête carrée, dites tire-fonds, de 0m 08 à 0m 11 de longueur..........	La pièce.	»
819	*Idem* à tête carrée, dites tire-fonds, de 0m 12 à 0m 14 de longueur..........................	—	»
820	Augmentation aux prix des vis, quand elles seront galvanisées — *un tiers.*		
	GRILLAGES EN FIL DE FER. *(Matières et main-d'œuvre réunies, y compris pose.)*		
821	Fil de fer de tous numéros..........	Kilogramme.	1 15
822	Le même, galvanisé....................................	—	1 55
823	Fil de laiton de tous numéros............	—	4 »
824	Grillage en fil de fer n° 10, à mailles de 0m 03, non galvanisé.	Mètre carré d'un côté.	4 25
825	Même grillage en fil de fer galvanisé.....................	—	4 45
826	Grillage en fil de fer n° 8, à mailles de 0m 02, non galvanisé.	—	5 15
827	Même grillage en fil de fer galvanisé......................	—	5 35

Nos D'ORDRE.	NOMENCLATURE.	ESPÈCE DES UNITÉS.	PRIX DE BASE.
			F. C.
828	Grillage en fil de fer n° 7, à mailles de 0m 015, non galvanisé.	Mètre carré d'un côté.	6 35
829	Même grillage en fil de fer galvanisé........................	—	6 55
	NOTA. *Les châssis en fer ou en bois, ainsi que les pattes et les clous, pour les fixer, seront payés à part.*		
	SECTION 10.		
	CUIVRERIE, PLOMBERIE, POMPERIE, FERBLANTERIE, POELERIE, ETC.		
	(Eléments rendus à pied-d'œuvre.)		
830	Cuivre jaune en saumon, laiton ou bronze, pour fourniture.	Kilogramme.	3 »
831	Cuivre rouge en barres, ou laminé en feuilles de toute épaisseur.	—	4 10
832	Plomb laminé en feuilles, de toute épaisseur............	—	1 »
833	Plomb en saumons.....................................		0 75
834	Etain en saumons.....................................	—	4 »
835	Soudure composée de $^1/_3$ d'étain et de $^2/_3$ de plomb........	—	2 20
836	Zinc en feuilles de tous numéros........................	—	1 »
837	Feuilles de ferblanc double X terne, 0m 34 sur 0m 245	La pièce.	0 40
838	Tôle fine de 1 millimètre d'épaisseur et au-dessous.........	Kilogramme.	0 75
839	Crochet renforcé de cheneaux ou de tuyaux de descente, en fer doux galvanisé..................................	La pièce.	0 45
840	Sel ammoniac..	Kilogramme.	3 30
841	Acide muriatique.....................................	—	0 70
842	Etoupe de chanvre, blanche............................	—	0 40
843	Résine...	—	0 30
844	Huile de Colza épurée, 1re qualité........................	—	1 65
	OUVRAGES ET OBJETS.		
	(Matières et main-d'œuvre réunies, y compris pose.)		
845	Cuivre jaune travaillé avec soin pour tout ouvrage au-dessus d'un kilogramme, tels que boîtes de pompe, crapaudines, grandes poulies, etc..................................	Kilogramme.	5 50
846	Cuivre jaune pour tout ouvrage au-dessous d'un kilogramme, taraudé et soigneusement ajusté, comme petits robinets, petites poulies, petites soupapes.......................	—	6 50
847	Cuivre rouge pour tuyaux, soudé et mis en place...........	—	6 »
848	Cuivre rouge, laminé en feuilles, pour couvertures, cheneaux et autres ouvrages analogues, soudure, agrafes et pose tout compris..................................	—	4 60
849	Plomb laminé pour noues, cuvettes, cheneaux, arêtiers, etc., soudé et mis en place..................................	—	1 20
850	Plomb laminé pour tuyaux, soudé et mis en place.........	—	1 35

N°s D'ORDRE.	NOMENCLATURE.	ESPÈCE DES UNITÉS.	PRIX DE BASE.
			F. C.
851	Vasistas en ferblanc, mis en place, clef comprise, sans carreau, mesuré, bâtis et châssis ensemble	Mètre courant.	2 10
852	Zinc en feuilles de tous numéros, pour couverture, cheneaux, cuvettes, arêtiers, etc., coulisses, agrafes, clous zingués, soudure et pose comprise	Kilogramme.	1 45
853	Dalle ou cheneau en zinc n° 14, de 0m 25 de développement, soudure et crochets renforcés en fer zingué, tout compris	Mètre courant.	2 40
854	Même dalle ou cheneau de 0m 33 de développement	—	3 10
855	Tuyau de descente en zinc n° 14, de 0m 08 de diamètre, soudure, pose et crochets renforcés, en fer zingué, tout compris	—	2 40
856	Même tuyau de 0m 10 de diamètre	—	3 »
857	Coulisseaux et chapeaux en zinc n° 12, pour châssis vitrés de comble et en fer, pour fourniture et pose	—	2 30
858	Bavettes de côté en zinc n° 12, de 0m 17 de développement pour les mêmes châssis	—	1 60
859	Châssis à tabatière, en zinc n° 14, compté au mètre courant, le dormant et le bâtis mesurés ensemble	—	5 »
860	Robinet en étain pour filtre	La pièce.	1 65
861	Encrier en plomb pour classe	—	0 35
862	Cuvette inodore en faïence avec engrenage, etc., pose comprise.	—	40 »
863	*Idem* dite à tirage, etc., pose comprise.	—	28 »
864	*Idem* à bascule, etc., pose comprise	—	17 »
865	Tuyaux de poële, en tôle fine, de 0m 12 de diamre, pose comprise.	Kilogramme.	1 50
866	Coude en tôle fine, pour tuyaux 0m 12 de diamètre et 0m 40 de développement, mesuré sur les plus longs côtés	—	1 40
867	Tôle fine galvanisée, pour tuyaux de poële, T, gueules de loup et champignon, pose comprise	—	2 »
868	Tuyaux de poëles démontés, numérotés et transportés au magasin	Mètre courant.	0 07
869	Tuyaux de poële pris au magasin et remis en place	—	0 10

SECTION II.

PEINTURE ET TAPISSAGE.

(Éléments.)

N°s D'ORDRE.	NOMENCLATURE.	ESPÈCE DES UNITÉS.	PRIX DE BASE.
870	Huile de lin	Kilogramme.	1 55
871	Huile grasse épurée, pour siccatif	—	2 10
872	Essence de térébenthine	—	1 55
873	Litharge	—	0 80
874	Cire jaune	—	4 30
875	Ocre rouge ou jaune	—	0 20
876	Blanc de céruse	—	1 65

N°s D'ORDRE.	NOMENCLATURE.	ESPÈCE DES UNITÉS.	PRIX DE BASE.
			F. C.
877	Blanc de zinc	Kilogramme.	1 65
878	Bleu de Paris	—	1 60
879	Bleu de Prusse, superfin	—	15 50
880	Minium ou mine de plomb en poudre	—	0 85
881	Noir d'ivoire	—	0 90
882	Noir léger de Paris	—	3 45
883	Poudre galvanique, grise foncée	—	0 70
884	Eau seconde, forte	Le litre.	0 45
885	Vernis blanc à l'esprit de vin, ou vernis gras, 1re qualité	Kilogramme.	4 80
886	Jaune de chrôme	—	3 30
887	Potasse	—	1 45
888	Vernis métallique	—	12 »
889	Vert de vessie	—	2 45
890	Bleu d'outre-mer	—	4 60
891	Vermillon, 1re qualité	—	33 »
892	Mixtion à dorer	—	4 50
893	Livret d'or	La pièce.	2 40
	COULEURS BROYÉES ET DÉTREMPÉES A L'HUILE. *(Matières et main-d'œuvre réunies, non compris l'application.)*		
894	Couleur à l'huile, blanc de zinc, blanc de céruse, gris de lin ou gris perle, broyée et détrempée	Kilogramme.	1 85
895	Couleur à l'huile, vert fin, détrempée	—	2 40
896	Couleur à l'huile, vert olive, jaune, rouge ou noire, détrempée.	—	1 45
897	Minium et couleur noire à l'huile grasse pour métaux, détrempée	—	2 10
898	Couleur à l'huile galvanique grise, pour métaux, détrempée.	—	1 50
	PEINTURES A L'HUILE. *(Matières et main-d'œuvre réunies, y compris application.)*		
899	Peinture en vert olive, jaune, rouge ou noire, 1re couche	Mètre carré de surface peinte.	0 45
900	Peinture gris de lin ou gris perle, blanc de zinc ou de céruse, 1re couche	—	0 50
901	Peinture galvanique, grise, sur métaux, 1re couche	—	0 60
902	Peinture en vert fin, 1re couche	—	0 55
903	Peinture au minium ou au noir fin, sur métaux, 1re couche	—	0 70
904	Pour les peintures nos 899, 900, 901, 902 et 903, chaque couche en sus de la première sera payée les 3/5 de celle-ci, — *les trois cinquièmes*	—	»
905	Pour les mêmes peintures, chaque ton en rechampissage en sera payé en sus, à raison du quart du prix de la 1re couche, pour chaque mètre-carré de surface rechampi, — *un quart*	Mètre carré de surface rechampie.	»

N^os D'ORDRE.	NOMENCLATURE.	ESPÈCE DES UNITÉS.	PRIX DE BASE.
			F. C.
906	Une teinte de granit chiquetée au pinceau, de toute couleur, à deux teintes, sera payée les $^2/_5$ de la couche du fond, — *deux cinquièmes*..................	Mètre carré de surface chiquetée.	»
907	Peinture finie, soignée, imitation de bois veiné et de marbre, vernis compris à trois couches........................	Mètre carré de surface peinte.	1 90
908	Chaque menue ferrure complète, comme serrure, loquet, targette, verrou ou 0m 30 d'espagnolette, grattée et peinte à trois couches au noir léger de Paris..................	La pièce.	0 10
909	Mastic à l'huile, pour rebouchage, sur vieilles boiseries, toute mise en œuvre comprise.............................	Kilogramme.	1 50
910	Filets simples pour imitation de panneaux...............	Mètre courant.	0 06
911	Filets doubles pour bordure..........................	—	0 10
912	Vignette pour bordure................................	—	0 16
913	Lessivage à l'eau seconde coupée, pour nettoyer d'anciennes peintures et les raviver.............................	Mètre carré de surface lessivée.	0 06
914	Lessivage à l'eau seconde pure, pour dégraisser à fond d'anciennes peintures très-sales, avant de les repeindre.....	—	0 10
915	Lettre ou chiffre de toute couleur, de 0m 05 à 0m 10 de hauteur, non compris le fond............................	La pièce.	0 08
916	Lettre ou chiffre de toute couleur, au-dessus de 0m 10 jusqu'à 0m 20.............................	—	0 15
917	*Idem* de toute couleur, au-dessus de 0m 20 jusqu'à 0m 30.............................	—	0 25
918	Numéros de logement à un ou deux chiffres, compris le fond à trois couches..............................	—	0 35
	PEINTURE EN DÉTREMPE, VERNIS ET TAPISSAGE.		
	(Matières et main-d'œuvre réunies, y compris application et pose.)		
919	Encollage au blanc de Meudon, 1re couche................	Mètre carré.	0 10
920	Badigeon à la chaux et à l'alun, à deux couches, blanc, gris, jaune, brun, etc.....................................	—	0 15
921	Peinture, blanc, gris, jaune, brun, noir, etc., deux couches de teinte et une préparation d'encollage................	—	0 5
922	La même, pour une couche en sus.......................	—	0 15
923	Granit chiqueté au pinceau, à une ou deux teintes, non compris la couche du fond..............................	—	0 10
924	Imitation de marbre, non compris le fond................	—	0 50
925	Filets doubles pour joints d'assise de pierres peintes ou de marbre....................................	Mètre courant.	0 06
926	Carreaux d'appartement, peints en rouge, à trois couches dont une à l'huile, encaustique, cirage et frottage compris.	Mètre carré.	0 80

Nos D'ORDRE.	NOMENCLATURE.	ESPÈCE DES UNITÉS.	PRIX DE BASE.
			F. C.
927	Parquets ou planchers passés à l'encaustique, à deux couches, compris frottage..........................	Mètre carré.	0 35
928	Lavage et grattage de vieux carreaux et parquets...........	—	0 10
929	Grattage à vif de vieux carreaux et parquets chargés de peinture et d'encaustique..........	—	0 75
930	Mastic à la colle, pour rebouchage, sur d'anciens plâtres crevassés mis en œuvre.....	Kilogramme.	1 20
931	Vernissage au vernis blanc ou au vernis gras, chaque couche très-soignée..	Mètre carré d'un côté.	0 40
932	Tapissage en papier de tenture de 0f 50 le rouleau et de 0f 50 la bande de rouleau bordure de 8m de longueur..........	Mètre carré de surface tapissée.	0 50
933	Tapissage en papier de tenture de 0f 75 le rouleau et 0f 75 la bande de rouleau bordure de 8m de longueur.......... ..	—	0 60
934	Tapissage de papier de tenture de 1f le rouleau et de 1f la bande de rouleau bordure de 8m de longueur...	—	0 70
935	Tapissage de papier de tenture de 1f 25 le rouleau et de 1f 25 la bande de rouleau bordure de 8m de longueur..........	—	0 80
936	Tapissage de papier de tenture de 1f 50 le rouleau et de 1f 50 la bande de rouleau bordure de 8m de longueur.........	—	0 90
937	Tapissage de papier de tenture de 1f 75 le rouleau et de 1f 75 la bande de rouleau bordure de 8m de longueur.........	—	1 »
938	Tapissage de papier de tenture de 2f le rouleau et de 2f la bande de rouleau bordure de 8m de longueur............	—	1 10
939	Tapissage de papier de tenture de 2f 25 le rouleau et de 2f 25 la bande de rouleau bordure de 8m de longueur..........	—	1 20
940	Tapissage de papier de tenture de 2f 50 le rouleau et de 2f 50 la bande de rouleau bordure de 8m de longueur.........	—	1 30
941	Tapissage de papier de tenture de 2f 75 le rouleau et de 2f 75 la bande de rouleau bordure de 8m de longueur..........	—	1 40
942	Tapissage de papier de tenture de 3f le rouleau et de 3f la bande de rouleau bordure de 8m de longueur............	—	1 50
943	Tapissage en papier gris..................................	—	0 30

SECTION 12.

VITRERIE.

944	Mastic de vitrier apprêté au blanc de Meudon, à la céruse et à l'huile	Kilogramme.	0 80
945	Mastic apprêté à l'huile et à la céruse ou au minium.......	—	1 90
946	Verre neuf blanc, pointes et mastic compris, pour croisées neuves.	Mètre carré d'un côté.	4 70

Nos D'ORDRE.	NOMENCLATURE.	ESPÈCE DES UNITÉS.	PRIX DE BASE.
			F. C.
947	Verre neuf blanc, pointes et mastic compris, pour vieilles croisées, en remplacement...........................	Mètre carré d'un côté.	5 60
948	Verre double poli ou dépoli, pointes et mastic compris, pour châssis vitrés de comble, etc..........................	—	9 »
949	Verre ondulé ou cannelé, poli ou dépoli, pour menuiserie neuve, pointes et mastic compris......................	—	10 50
950	Le même, sur vieilles menuiseries ou en remplacement.....	—	11 40
951	Verre à l'État, recoupé et remis en place, pointes et mastic compris..	—	1 50
952	Dépose, avec soin, de vieux carreaux....................	—	1 »
953	Remasticage de vieux carreaux, pour réparations en recherche.	Mètre courant.	0 10
954	Le même pour châssis vitrés de comble..................	—	0 14
955	Nettoyage de carreaux de toutes dimensions...............	La pièce.	0 05
	NOTA. *Pour les carreaux en verre double, posés sur les châssis de comble, l'entrepreneur sera tenu de fournir les agrafes en plomb, sans augmentation de prix.*		
	SECTION 13.		
	Ouvrages divers.		
	1° PLANTATIONS. *(Fourniture et main-d'œuvre réunies.)*		
956	Pieds d'arbres, ormeau, tilleul, acacia, peuplier, platane blanc de Hollande, etc., pour fourniture et plantation, compris tuteurs et épines................................	L'un.	2 50
	2° CALFATAGE, BRAYAGE ET GOUDRONNAGE. *(Éléments.)*		
957	Etoupe de chanvre, goudronnée............................	Kilogramme.	0 50
958	Brai sec de Bayonne..	—	0 30
959	Goudron végétal de Bayonne...............................	—	0 35
960	Goudron minéral de Pyrmont, du val de Travers ou de Seyssel.	—	0 55
961	Goudron extrait du gaz ou coltar........................	—	0 15
	3° CALFATAGE, BRAYAGE, GOUDRONNAGE ET APPLICATION DE DIVERS INGRÉDIENTS SUR LES PIERRES ET LES BOIS. *(Matières et main-d'œuvre réunies, y compris application.)*		
962	Calfatage à deux étoupes, brayé à la cuiller..............	Mètre courant.	0 50
963	Augmentation au n° 962, pour chaque étoupe en sus........	—	0 15
964	Goudronnage ou goudron végétal de Bayonne............	Mètre carré.	0 30
965	Goudronnage avec du goudron minéral du val de Travers ou de Seyssel..	—	0 40

N°s D'ORDRE.	NOMENCLATURE.	ESPÈCE DES UNITÉS.	PRIX DE BASE. F. C.
966	Goudronnage au coltar	Mètre carré.	0 15
967	Chaque couche en sus sera payée les deux tiers des n°s 964, 965 et 966	—	Deux tiers.
968	Application de silicate de potasse, à deux couches, sur les parements des pierres calcaires (procédé Kuhlmann), y compris grattage et lavage	—	1 70
969	Application de chaux alunée ou de chlorure de zinc sur les bois, pour en retarder l'inflammation, en cas d'incendie (par couche)	—	0 10
	4° CORDAGES. *(Fourniture et préparation réunies.)*		
970	Cordage de chanvre, blanc ou goudronné, de toutes grosseurs.	Kilogramme.	2 »
971	Cordeau et ficelle	—	2 60
972	Cordon en fil, plat, recouvert en laine verte, pour suspension de lampes de 0m 012 de diamètre.	Mètre courant.	0 75
	5° RAMONAGES. *(Fourniture et main-d'œuvre réunies.)*		
973	Ramonage d'un tuyau de cheminée à la raclette ou à la corde.	La pièce.	0 45
974	Diminution au n° 973, quand la suie sera laissée au ramoneur — *un quart*	—	»
975	Ramonage de tuyaux de poêle, démontage et remontage compris	Mètre courant de tuyau ramoné.	0 15
	6° FOURNITURES DIVERSES.		
976	Savon blanc	Kilogramme.	1 15
977	Savon noir	—	0 90
978	Vieux oing et saindoux	—	1 50
979	Chandelle de suif	—	1 90
980	Alun	—	1 »
981	Balais de bouleau, emmanchés	La pièce.	0 35
	7° RÉPARATIONS DE CHAISES ET FAUTEUILS. *(Matières et main-d'œuvre réunies.)*		
982	Rempaillage de chaises en paille fine	La pièce.	1 70
983	*Idem* de tabourets en paille fine	—	0 90
984	*Idem* de fauteuils de bureau en paille fine	—	2 40
985	Dossier de chaises de noyer ou de cerisier, en remplacement.	—	0 60
986	Barreau rond, ou carré, ou méplat pour les mêmes chaises, en remplacement	—	0 20
987	Pieds ou montants des mêmes chaises, en remplacement	—	1 »

Nos D'ORDRE.	NOMENCLATURE.	ESPÈCE DES UNITÉS.	PRIX DE BASE.
			F. C.
988	Pieds de derrière ou grands montants des mêmes chaises, en remplacement....................................	La pièce.	1 35
989	Bras ou pied de fauteuil de bureau en noyer ou en cerisier, en remplacement....................................	—	1 70
990	Barreau rond ou carré de fauteuil de bureau en noyer ou en cerisier, en remplacement........................	—	0 30
991	Grand montant de fauteuil de bureau en noyer et en cerisier, en remplacement..............................	—	3 »
992	Dossier de fauteuil de bureau en cerisier ou en noyer, quelle que soit la forme..................................	—	2 20

Indret, le 2 Novembre 1858.

Le Sous-Ingénieur de la Marine, chargé des travaux hydrauliques,
FONTAINE.

Vu : LE SOUS-DIRECTEUR,
CH. MOLL.

Vu : accepté et proposé à l'approbation du Ministre,

En séance à Indret, le 3 Novembre 1858, l'Inspecteur-Adjoint présent,

LES MEMBRES DU CONSEIL D'ADMINISTRATION,

PROUZAT, *Secrétaire,* Jles PLAUZOLES, D'INGLER, CH. MOLL, BABRON.

Approuvé :
Paris, le 10 Novembre 1858,
L'Amiral,
MINISTRE DE LA MARINE,
HAMELIN.

Pour copie conforme :

LE DIRECTEUR DE L'ETABLISSEMENT IMPÉRIAL D'INDRET.

Nantes, Imp. de VINCENT FOREST, place du Commerce. 1.

www.ingramcontent.com/pod-product-compliance
Ingram Content Group UK Ltd.
Pitfield, Milton Keynes, MK11 3LW, UK
UKHW020322250726
13967UKWH00004B/1820